KB129934

꽃꼰대 가라사대

제복 입은 시민, 생각하는 전사

최종섭, 김종엽

꽃꼰대 가라사대

초판 1쇄 발행 2019년 6월 20일

지 은 이 최종섭, 김종엽
발 행 인 권선복
편 집 오동희
디 자 인 서보미
전 자 책 서보미
발 행 처 도서출판 행복에너지
출판등록 제315-2011-000035호
주 소 (07679) 서울특별시 강서구 화곡로 232
전 화 0505-613-6133
팩 스 0303-0799-1560
홈페이지 www.happybook.or.kr
이 메 일 ksbdata@daum.net

값 15,000원
ISBN 979-11-5602-728-7 03390

사진 출처 : 월간 HIM, 국방홍보원

제복 입은 시민
생각하는 전사

꽃꼰대 가라사대

최종섭 · 김종엽 지음

• 책머리에 •

'꼰대'란 말은 1960년대부터 사용해 왔다. 의미가 변화하여 지금은 상대방을 고려하지 않고 막무가내로 가르치며 강요하는 권위주의에 물든 세대를 지칭한다. 나이를 먹으면 말이 많아진다. 젊은 시절 보이지 않던 문제가 보이고 젊은이에게 훈수하고픈 마음이 생긴다. 문제는 자기가 젊은 시절에 '꼰대' 얘기를 듣고 싶지 않았단 사실을 잊는다는 것이다.

이 책은 '꼰대'라는 단어가 만들어진 시기에 태어난 두 사람이 썼다. 젊은이를 대상으로 쓴 글을 모았다. '꽃꼰대'란 말은 가르치지 않고 '함께 고민해 보자'는 의미다. 주로 군 초급간부와 병사를 위해 쓴 글이다. 일반인도 읽을 만한 내용이다. '월간HIM'의 밀리터리 칼럼과 '국방일보'의 병영 칼럼으로 연재했던 내용을 엮었다. 여러 가지 주제를 다루고 있다. 핵심적인 결론은 젊은이들의 인식과 의식, 그리고 병영문화의 혁신에 관한 이야기다.

1부 '제복 입은 시민'은 군인이기 전에 '시민'으로서 오롯이 서기를 바라는 마음을 담았다. 20대는 사춘기를 벗어나서 성인이 되는 시기다. 미국에서는 고교 졸업과 함께 집을 떠나 성인으로서 독립된 삶을 연습한다. 부모 도움 없이 스스로 학비를 벌거나 대출을 받아서 해결하는 학생이 많다. 우리 젊은이는 군대를 통해서 집을 떠나는 경험을 한다. 의지할 가족과 친구가 없는 공간에서 새로운 사람들과 일상을 함께한다. 그 자체만으로도 힘든데 훈련과 근무가 만만치 않다. 상명하복 문화는 더욱 고되다.

집을 떠나서 겪는 새로운 경험은 당장에는 힘들게 여겨진다. 하지만 예수는 안락한 집을 떠나 광야로 나가 40일간 금식한 후 세상을 구원했다. 부처는 보장된 왕세자 자리를 떠나 고행 끝에 보리수 밑에서 깨달음을 얻었다. 스스로 어려움을 넘어서는 경험은 더 큰 세계로 나아가는 발판이 될 수 있다. 1부에서는 실제로 경험한 다양한 사례를 통해 독립된 주체로 성장할 수 있음을 보여주려 했다.

2부 '생각하는 전사'는 군대에서 통용되는 고정관념을 다시 돌아보고자 했다. 모든 군인은 '제복 입은 시민'이다. 아울러 제복 입은 시민은 적과 싸워 이길 수 있는 전투프로가 되어야 한다. 다시 말해 군복을 입고 복무하는 모든 국민은 제복 입은 시민으로서 기본권을 보장받으며 존중받아야 마땅하다. 동시에 모든 군인은 부여된 임무를 성공적으로 수행할 수 있는 능력을 지닌 전사가 되어야 한다. 이는 법적 권리와 의무이자 사회적인 합의다.

'생각하는 전사'란 명령을 수행함에 있어 부족한 부분을 스스로 판단하고 능동적으로 행동하는 전사다. '생각하는 전사'로 태어나기 위해서는 먼저 인식의 변화가 중요하다. 지금까지 강조해 왔던 종적 관계를 기반으로 한 리더십Leadership과 팔로워십Followership만으로는 부족하다. 중요한 것은 '계급과 직책이 달라도 모든 장병은 전승을 같은 목표로 공유하는 동료다'라는 생각의 틀이다. 즉 파트너십Partnership이 모든 장병들의 마음속에 자리하고 발현되어야 비로소 진정한 전우애로 뭉친 강군의 토대가 마련된다.

장병 각자의 의식도 중요한 요소다. 모든 일상과 훈련, 환경과 현상까지 문제의식을 가지고 관찰해야 한다. 인식한 문제와 의문을 두고 지휘관 이하 모든 부대원들이 격의 없이 치열하게 토론하는 병영문화 조성이 필요하다. 치열한 전술토론은 모든 부대원들이 임무와 수행과정을 이해하는 수단이 된다. 이 같은 병영문화가 추상같은 명령의 절대성을 훼손할지도 모른다는 우려는 기우에 불과하다. 명령과 전술에 대한 이해도가 높은 장병이 이를 잘 수행한다는 것은 오랜 병가의 상식이다.

군사작전 환경은 하루가 다르게 변하고 있다. 반면에 복무기간과 훈련기간은 짧아졌다. 훈련과 관리의 한계를 극복하는 유일한 방안은 위임된 권한 안에서 스스로 생각하고 행동하는 전사를 양성하는 것이며, 이를 위해 인식과 의식 그리고 병영문화 전반에 혁신이 필요하다.

졸고를 책으로 낼 수 있도록 도와주신 권선복 도서출판 행복에너지 대표님과 민승현 월간HIM 편집인님, 독자의 이해를 돕기 위해 사진을 사용하게 해 주신 국방홍보원, 책 편집과 디자인에 정성을 담아주신 오동희 편집인과 서보미 디자이너에게 깊이 감사드린다. 아울러 저자 두 사람이 몸담고 있는 한국국방연구원 모든 원우에게도 고마운 마음을 전한다. 저자 두 사람을 끝까지 응원하고 격려해 주는 가족이 없었다면 이 책도 없었으리라. 더 열심히 글을 써서 보답하겠노라 다짐한다.

최종섭, 김종엽

• 차례 •

도전을 통한 성장

2

현실 되돌아보기

3

디지털 시대와 병사

4

꿈과 함께 전진 5

시대가 요구하는 군인 6

제2부

생각하는 전사 _김종엽

전사의 마음가짐

1

고정관념 극복 2

전사의 토론 문화 3

제1부

제복 입은 시민 _최종섭

꽃
꼰
가라사대

01

일상 속의 깨달음

100세가 들려준 엔테베 특공작전 노래

이스라엘 특수부대 사이렛 매트칼은 히브리어로 정찰대를 뜻한다. 1958년 창설됐다

1. 엔테베는 우간다 수도 캄팔라에서 남서쪽 34km 지점에 위치해 있다

2. 아덴만의 여명 작전의 주역 청해부대 대원들

INTERNATIONAL
Herald Tribune
Published with The New York Times and The Washington Post
PARIS, MONDAY, JULY 5, 1976

Strike Into Uganda
Israeli Airborne Troops Rescue Hijack Hostages

...amed Premier of Spain;
...e of Political Pluralism

1. 엔테베 작전 성공 소식을 전하는 당시 신문　2. 엔테베 작전으로 살아난 인질들

···

2018년 새해 첫 주 친한 친구 장인어른이 돌아가셨다. 고인은 100세를 사셨다. 27년 전 고인을 처음 만났다. 장가가는 친구를 위해 함을 지고 간 날이었다. 그 만남이 처음이자 마지막이었다. 당시로서는 꽤 늦은 혼인이었기에 친구 장인은 하나뿐인 딸을 최고의 사위에게 시집보내게 되어 매우 행복해하셨다.

수학과 교수에서 퇴직하시고 히브리어 원어 성경을 공부하신다고 하셨다. 함을 지고 간 사위 친구들을 위해 직접 히브리어로 노래를 불러주셨다. 아프리카 우간다 엔테베 공항에 잡혀있던 인질을 구하러 갔던 이스라엘 특공대가 비행기 안에서 불렀던 노래였다.

친구 빙장어른이 들려주셨던 히브리어 노래는 영화 "엔테베 기습작전Raids on Entebbe"에도 소개된 바 있다. 이 노래 가사는 「시편」 제133편 제1절 "어찌 그리 선하고 아름다운고Hinheh mah Tov umah na'iym"이다. 가사에 나오는 히브리어 '토브Tov'는 창세기 천지창조 이야기 중 "하나님이 보시기에 좋았더라." 할 때 '좋았더라'에 해당하는 단어다.

엔테베 특공작전은 1976년에 우간다 엔테베 국제공항에서 벌어진 인질 구출 사건이다. 당시 팔레스타인 테러리스트들이 이스라엘 텔아비브 벤구리온 공항을 출발하여 프랑스 파리 샤를 드골 공항로 향하던 프랑스 항공기를 납치해서 우간다 엔테베 공항에 착륙시켰다. 납치범들은 유태인이 아닌 승객 258명을 풀어주었다. 유태인을 인질로 잡고 이스라엘·프랑스·서독·케냐 등에 수감되어 있는 동료 테러리스트 53명을 풀어달라고 요구했다.

1976년 7월 3일에 이스라엘 특공대는 장장 4000km에 달하는 먼 거리를 7시간 반이나 걸려 날아갔다. 착륙한 지 53분 만에 납치된 인질을 구출했다. 인질범 7명 전원과 우간다군 30명을 사살하였고, 인질 103명을 모두 구조하였다. 구조 과정에서 이스라엘군 특공대장 요나단 네타냐후 중령과 인질 3명이 사망하였다.

세계 특공작전사에 길이 남게 된 엔테베 특공작전이 성공한 이유는 무엇일까? 이미 많은 분석이 나왔다. 가장 중요한 것은 작전에 참가한 특공대원들이다. 레이더를 피하기 위한 초저공비행, 암흑 속 착륙, 낯선 지역 야간 작전 수행은 최고 수준의 전투능력과 함께 고도의 정신력이 요구된다. 성공률이 매우 낮아 죽을지도 모르는 작전을 앞두고 항공기 안에서 불안감은 극도에 달했으리라. 그 순간 특공대원 모두가 함께 노래를 부르는 장면을 상상해 보라.

Hinneh mah Tov umah na'iym Sheveth ahiym gam yahadh
보라 형제자매가 연합하여 동거함이 어찌 그리 선하고 아름다운고
Hinneh mah Tov umah na'iym Sheveth ahiym gam yahadh
보라 형제자매가 연합하여 동거함이 어찌 그리 선하고 아름다운고
Hinneh mah Tov Sheveth ahiym gam yahadh
보라 형제가 연합하여 동거함이 어찌 그리 선한고

절체절명의 순간 전우와 함께 부르는 노래를 통해 강력한 연대를 느꼈을 터이다. 함께 밥 먹고 잠자고 훈련하면서 지내 온 시간이 노래를 부르는 순간 서로의 심장을 연결시켜서 더 없는 강력한 용기로 무장할 수 있었을 게다.

'엔테베 특공작전'은 소설과 영화와 노래에 실려서 지금도 우리에게 이야기를 들려준다. 첩보문학 작가 윌리엄 스티븐슨이 책으로 썼고, 영화로도 여러 편이 만들어졌다. 유일한 특공대 사망자인 요나단 대장은 이스라엘 국민에게 '요니'로 불리며 국민영웅이 되었다. 요나단 대장 친동생은 이스라엘 총리가 되었다.

우리에게도 크고 작은 소중한 승리 기억이 적지 않다. 7년 전 '아덴만의 여명'이라고 불린 특공작전은 큰 성공을 거두었다. 2011년 1월 21일 청해부대 소속 해군특수전여단 대원들은 소말리아 해적이 납치해 가던 삼호주얼리호 한국인 8명 등 선원 21명을 구출하였다. 구출 작전은 새벽 4시 58분 시작돼 9시 56분에 끝났다.

이 작전에서 해적 13명 중 8명을 사살하고 5명은 생포했다. 삼호주얼리호 석해균 선장은 해적이 쏜 총에 맞았지만 아주대 외상센터 이국종 교수의 집도 수술 하에 생명을 구했다. 위험요소가 많은 바다라는 어려운 상황에서도 모든 인질이 무사하게 특수부대원이 작전을 마쳤다. 그 당시 소말리아 해적에 납치된 인질이 거액의 몸값을 주고 풀려나오는 굴욕적인 사건이 반복되던 상황이었기에 더욱 의미 있는 작전이었다.

한 영화제작사에서 '아덴만의 여명'을 영화화하려고 했지만 불발되었나 보다. 해군이 3년 전 이맘때 여명작전 4주년을 맞아 다큐멘터리 영상을 공개한 적이 있다. 하지만 우리 해군특수전여단 대원들이 그 긴박한 상황을 어떻게 준비하고 전우애를 다져가며 작전을 성공시켰을지 여전히 궁금하다. 혹시 어떤 군가를 부르며 결기를 굳게 하진 않았을까? 역사학자 E.H.카는 "역사는 전통의 계승과 함께 시작된다. 과거 기록은 미래 세대를 위해 보관된다."라고 했다. 지나간 사건에서도 의미 있는 기록을 찾아내서 남기는 노력이 조금 부족한 듯해서 아쉽다.

친구 장인 문상 자리에서 함잡이 친구들이 다시 만났다. 수십 년간 우애를 지켜온 소중한 벗들이다. 70년대에는 통기타에 맞춰 함께 노래를 부르며 놀기도 했다. 미래가 보이지 않던 그 시절 잘 버틴 동기들은 지금 이 사회에 없어서는 안 될 사람이 되었다.

함들이 비디오테이프에 담겼던 영상을 디지털로 변환했다며 친구가 보내주었다. 27년 전 히브리어 노래를 부르는 70대 노인의 모습이 너무나 젊고 푸르다. 친구 장인은 그 젊음으로 100세까지 사시고 후학에게 선한 영향을 끼치다가 떠나셨다. 은퇴하고도 배움을 놓지 않던 모습에서 나도 저렇게 늙어가겠다고 마음을 굳히게 만든 분이셨다. 내 인생 길에서 단 한 번만의 만남으로 모시게 된 스승님 중 한 분이셨다.

100세에 떠나신 노인이 부른 “엔테베 특공작전” 노래를 들으며 우리 장병들은 어떤 노래로 전우애를 다지고 있을지 궁금하다. 앞으로 살아갈 날이 많은 우리 용사들은 남은 인생 동안 어떤 노래를 들려줄 텐가?

멈추어,
묻자

갑자기 가슴이 아팠다. 2018년 7월초 철인3종 경기 첫 출전을 앞두고 한강도강훈련도 하며 준비해 왔다. 경기 하루 전 저녁에 왼쪽 가슴부위가 아프기 시작했다. 자고 나서도 통증이 여전했다. 최근 받은 종합검진 결과도 혈관상태가 좋지 않았다. 심장 문제가 아닌가 싶어 경기를 포기했다.

증상을 카카오톡에 올렸다. 심장혈관이 좁아져서 혈관을 넓히는 스텐트 시술을 한 친구들이 연락해 왔다. 조언에 따라 1차 진료기관인 동네의원을 거쳐 대학병원에서 몇 가지 검사를 했다. 추가로 CT 조영촬영을 권했고 대기 환자가 많아서 2주 뒤로 예약했다. 그사이 다시 가슴이 아파 재차 동네의원에 들렀다. 심장 응급 상황 시 혈관을 확장시켜 주는 니트로글리세린 처방을 부탁했다. 혈압을 잰 후 1분 정도 내 얘기를 듣고 청진기를 대보더니 "지나친 건강염려증입니다." 라고 한다.

증상은 있는데 원인을 찾지 못하니 답답하다. 2~3분 소요된 동네 의원 진단이 맞는지는 대학병원 최종 검진결과를 보고도 알 수 없었다. 여러 가지 검사를 해봤지만 결정적 위험 증상은 보이지 않았다. 정기적으로 관찰해 보자는 조언을 들었다. 무리한 운동으로 인한 단순한 근육통증은 아닌지 모르겠다.

몸이 불편해지니 정상적인 업무 추진이 어렵다. 진행하던 일을 모두 멈추었다. 늘 일상적으로 고민 없이 처리되던 일이었다. 봄학기 동안 강의와 연구로 바빠서 소홀히 했던 몸을 추슬렀다. 충분히 자고 쉬면서 내 몸을 관찰하며 영양분을 섭취했다.

2018년 4월 27일 남북정상회담을 했다. '한반도의 평화와 번영,

통일을 위한 판문점 선언'이 채택되었다. 북한 비핵화를 전제로 종전 선언과 평화체제 구축을 목표로 한다. 북미 간 정상회담에 이어 완전한 비핵화를 위한 협상이 진행되고 있다.

매년 실시하던 한미 연합훈련인 '을지프리덤가디언UFG'을 유예하기로 했다. 미국이 훈련을 중지하겠다고 하니 늘 해오던 UFG를 할 수는 없다. 북한이 여전히 핵을 보유한 상황에서 훈련을 거르니 불안해하는 사람이 많다.

정부는 새로운 군사훈련을 제시했다. 올해는 한국군 단독 지휘소연습CPX인 '태극연습'을 야외기동훈련인 '호국훈련'과 연계해 실시하기로 했다. 2019부터는 정부 단독 '을지연습'과 '태극연습'을 결합해 새로운 민·관·군 합동 훈련모델인 '을지태극연습'을 마련한단다. 연합훈련 공백을 최소화하고 전시작전권 전환에 대비한다는 계획이다. 현 을지훈련은 전시와 테러는 반영됐지만 재난 분야는 포함되지 않아 이를 보완한다고 한다.

의도하지 않은 멈춤은 매우 당황스럽다. 가슴이 아파 일을 쉬는 개인이나 외부상황 변화로 훈련을 쉬는 군대나 마찬가지다. 하지만 쉼으로써 늘 해오던 일을 돌아볼 수 있는 여유가 생긴다. "일에서 벗어나 거리를 두고 보면 삶의 조화로운 균형이 어떻게 깨졌는지 분명히 보인다."라고 레오나르도 다빈치가 말했다.

매해 여름 평창 대관령 숲 속에서 세계 최고 연주자들이 펼치는 클래식 음악축제가 열린다. 평창대관령음악제 2018년 주제는 '멈추어, 묻다'이다. 초고속 소비 시대에 잠시 멈추어 서서 숨을 고르며 대담한 질문을 던져보자는 의미란다.

제복을 입은 우리 용사들도 너무나 당연하게 받아들였던 '자신'과 '국가 안보'를 앞에 두고 '멈추어, 물어보자.' 미래를 열어가는 인재로 크고 있는지, 한반도 평화를 지켜낼 힘을 키우고 있는지.

°

네 명 중
하나는

• • •

직장을 왜 그만둘까? 사직 이유 중에 상사와 동료관계가 나빠서인 경우가 꽤 많다. 인간관계가 쉽지 않으니 일도 어렵고 업무 강도도 세게 느껴진다. '사람' 때문에 그만두고 직장을 옮기면 다시 '사람' 때문에 힘들어진다. 직장이 바뀌고 직장 상사와 동료가 다른 사람으로 바뀌었는데도 왜 그리 힘든 걸까?

2018년 가을 학기 내 강의를 수강하는 학생이 답을 갖고 있었다. '어디든 4명 이상 모이면 나와 많이 다른 사람이 1명은 꼭 있다.'고 했다. 여럿이 기숙사 생활을 해보면 서로 성격 차이가 많이 나서 마음을 상하는 상황이 벌어지곤 한다. 나와 아주 많이 다른 그 사람을 이상하다고 보지 않고 있는 그대로 봐주면 편하다.

다양한 사람이 있다. 60살이 넘은 나도 전혀 경험해 보지 못한 사람을 만나곤 한다. 혈액형이 O, A, B, AB 4가지에 RH+ RH-까지 있고, 사상체질에서도 태양, 태음, 소양, 소음 여러 기질이 있다. 내향성이나 외향성이냐를 따지는 MBTI 성격유형에서도 사람을 16가지 유형으로 나눈다. 사실 크게 분류하면 그렇고 사람 수만큼 다양한 성격이 존재한다고 봐야 한다.

3명이 모여도 그중에서 하나는 소외되는 경우가 흔하다. 셋이 서로 조화를 이뤄서 잘 지내기 쉽지 않다. 열 명이 모이면 아주 튀는 사람이 있다. 수십 명이 모이면 정말 특별해서 이해하기 어려울 정도로 나쁘게 느껴지는 사람이 있다. 당연히 갈등이 생긴다. 서로 중요하게 생각하는 우선순위가 다르니 그렇다. 다른 사람을 지배하고 영향력을 미치려는 사람도 있기 마련이다.

나도 고등학교 1학년 때 힘든 시기를 보냈다. 담임선생님이 존경할 만한 분이었는데 나를 유독 아껴주셨다. 시샘을 했던 학급 동기들이 있었다. 여럿이서 나를 선생님께 고자질하는 친구라고 낙인을 찍었다. 그 뒤로 고교 3년은 암흑시기라고 할 만큼 재미도 없었고 학교도 가기 싫었다. 나이가 들어서 직장생활을 할 때도 유독 나를 공격적으로 견제하는 동료가 있었다. 아주 괜찮은 사람이라고 생각했던 상대였는데, 어느 순간부터 나에게 무안을 주고 후배들을 시켜서 곤란한 상황을 만들었다. 내가 좋게 생각했던 사람이 불쾌한 행동을 하는 상황을 견디기 힘들었다.

세월이 지나고 나니 '네 명 중 한 명은 나와 아주 성향이 다른 사람이 있을 수 있다'는 말을 이해하게 되었다. 동화책은 사람을 선한 사람과 악한 사람으로 나눈다. 살아보니 사람이 그리 단순하지만은 않다. 선한 사람이 험한 사람이 되기도 하고 악하다고 생각한 사람에게 도움을 받기도 한다.

현경 작가는 "남이 나를 착각할 자유가 있고, 나는 남에게 해명하지 않을 권리가 있다."고 했다. 명언이다. 다른 이가 나에 대해 이러쿵저러쿵해도 너무 흔들릴 필요가 없다. 남의 생각을 어찌 고칠 수 있겠나. 타인을 설득하느라 에너지를 소모하는 대신 내 중심을 잡는 편이 낫다.

남을 배려하되 나를 잘 지키는 사람이 되면 좋겠다. 세상에는 별의별 사람이 다 있다. 군대도 예외가 아니다. 원래 세상이 그렇다. 우리 젊은 병사들이여, 제발 상처받지 마라.

소통과 에브리타임

• • •

2018년 가을학기 기말고사가 끝났다. 교수는 학생 평가를 하고 학생은 교수 강의를 평가한다. 학생은 무기명 강의평가를 써야 자기 학점을 확인할 수 있다. 강의평가 결과가 정교수에게는 별 영향이 없지만 젊은 교수는 신경이 쓰인다. 한 교수는 무기명 강의평가에 예의가 전혀 없는 글이 올라와서 몹시 화난다고 했다. 열성을 다해서 가르치는 사람에게 고맙다는 말은 못할망정 욕하는 학생까지 있다고 한다. 이런 학생은 적발해서 졸업장을 주지 말아야 한다며 열을 냈다. 아예 학생평가를 보지 않는 교수도 있다.

사실 자기가 중심을 잡으면 학생평가에 그리 영향을 받겠는가? 이런 나도 지난 학기 학생 평가를 보니 꽤 마음이 흔들렸다. 정말 나름 최선을 다해서 학생들을 가르쳤다고 생각했다. "역대급 강의"라고 평가했던 학생이 있는가 하면 "평균 미만"이라고 한 평가도 있었다. 학생평가를 곰곰이 생각해 보니 오랜만에 한 강의라서 좌충우돌 시행착오가 많았다. 70명이 넘는 대형 강의를 전혀 조교의 도움을 받지 않고 꾸려가기가 만만치 않았다.

한 학생이 귀띔해 주어 에브리타임 평가를 봤다. 300만 명 가입자를 확보한 스마트폰 앱이다. 같은 학교 학생들과 익명 커뮤니티에서 소통할 수 있다. 아주 적나라하게 자신들 생각을 적었다. 학교

시스템에 있는 무기명 내용보다도 더 솔직하다. 상대적 강자인 교수 앞에서는 다 하지 못하는 말을 적었다. 내용 중 일부 기억나는 건 "강의가 책 읽는 수준이다." "도움이 1도 안 된다, 등록금 아깝다." "시험문제 변별력이 없다. 3시간 공부하고 A를 받았는데 잘 받고도 기분이 썩~ 좋지 않다." 그런 글을 읽기가 편할 수는 없다. 곰곰이 생각해 보면 사실 일리가 있다. 그런데 에브리타임에는 내 강의 방식을 진심으로 좋아해 주는 의견도 여럿 있었다. 내게 에브리타임을 보여준 학생은 양쪽 글을 다 읽은 후 내 강의를 선택했다고 했다. 이번 학기가 끝나고 자신 선택이 탁월했다고 말했다.

내가 내 중심을 버리고 학생들 취향에 맞출 생각은 없다. 그러나 고객인 학생들이 중요하게 생각하는 점은 무시해선 안 된다고 생각한다. 학생들이 남긴 쓴소리가 있어 이번 학기에 더 발전된 모습을 만들려고 노력했다. 다만 예의가 없는 평가는 결국 학생들 자기 손해다. 누가 보지 않는다고 해서 그런 식으로 사람을 대하면 어딘가에 드러나기 마련이다. 평가는 솔직하게 하되 품위를 지키면 좋겠다.

이번 학기엔 학생들이 학기 중 솔직한 이야기를 할 수 있는 소통 창구를 마련했다. 40살의 나이 차이만큼 인식에도 차이가 있다. 나에겐 자연스러운 말이 학생에겐 부담스럽게 들리기도 했다. 내 의도와 다르게 선의로 한 말이 상처가 될 수도 있었다. 사과하는 데 지체하지 않았다. 젊은 학생들 또한 내 의도를 이해하고 불필요한 감정 낭비를 하지 않을 수 있었다.

군대는 상명하복이 중요하다. 목숨이 걸린 극한 상황이 다가올 때도 지휘관을 믿고 따라야 조직이 위기를 이겨낸다. 세대 차이가 오해를 불러일으킨다. 사소한 오해가 믿음에 균열을 낸다. 서로 가슴을 열고 소통하지 않으면 다른 데서 문제가 터진다. 많은 병영 내 사고가 소통 부재에 원인이 있다.

나름 최선을 다했어도 반드시 부족한 면이 있다. 에브리타임에 거침없이 쓸 학생들 평가가 궁금해진다. 쓴소리가 중심을 잡는 데 도움이 된다.

오페라 무대와 5분 대기조

• • •

오페라를 배우고 있다. 모차르트가 만든 '마술피리'에서 새 장수 '파파게노' 역을 맡아 연습 중이다. 오페라는 노래와 연기를 동시에 해야 한다. 본격적인 연기를 배우기 전에 노래를 거의 다 외워야 한다. 문제는 노래를 열심히 외웠어도 몸동작을 하게 되면 박자와 음정이 다 흐트러진다. 다음 동작을 생각하느라 노래에 집중하지 못해서 그렇다.

'파파게나'는 '파파게노'의 짝이다. 파파게나는 이 오페라에서 단 한 곡을 부른다. 파파게노와 부르는 이중창뿐이다. 서너 시간 수업 때 내 짝은 단 한 곡을 부르기 위해 기다린다. 그분이 얼마나 집중해서 연습하는지 모른다. 다른 노래는 다 망쳐도 파파게나와 부르는 이중창만큼은 망쳐서는 안 된다. 수업 시작 2시간 전에 도착해서 두 사람이 함께 이중창을 여러 번 반복하며 숙달시켰다. 완벽한 모습을 보여줄 수 있겠다고 생각했다. 그런데 연출자 앞에서 노래에 맞춰 연기를 해보니 엉망이 되었다.

불과 3분짜리 장면을 제대로 표현하지 못한 이유가 뭘까? 곰곰이 생각해 보니 이미 연습한 내용과 다른 새로운 상황이 생긴 탓이다. 연출선생님이 잡아낸 어설픈 부분을 고치고 동작을 추가하는 상황이 있었다. 음악 반주는 흐르는데 새로 추가된 부분에 신경을 쓰다 보니 다른 부분이 흐트러졌다. 여기서 초보자와 경험자 차이가 드러난다. 수없는 연습을 통해서 연기력이 단단해지면 감독이 한두 개 바꿔도 금방 적응한다. 아직 연습량이 부족한 초보는 쉽게 소화하기 어렵다.

'5분 대기조'와 오페라가 무슨 관계가 있을까? 2~3시간짜리 오페라도 매 장면은 5분 이내다. 작은 장면을 이어서 큰 흐름을 만든다. 5분 안에 연기자는 노래와 연기로, 연주자는 반주음악으로 작품을 표현한다. 군대는 비상 상황이 발생하면 만반의 준비를 갖추고 5분 이내에 출동하여 상황에 대처하는 5분 대기조를 운영한다. 5분 대기조는 잠잘 때도 군복 입고 군화 신고 총을 머리 위에 두고 잠을 잔다. 조원 간에 호흡이 맞지 않으면 5분 이내에 임무를 수행할 수 없다. 예상하지 못한 다양한 상황을 처리하기 위해서는 반복된 훈련이 필요하다. 오페라에서 5분 연주시간 내에 노래와 연기를 마쳐야 하듯이 5분 대기조도 5분 내에 임무를 수행한다.

육군과 해병대, 해군 육상근무부대에서 '5분 대기조'를 운영한다. 해군과 공군에는 '5분 대기조'란 말이 없다. 함정은 바다 위에서 항상 전투준비를 하고 있다. 공군은 '비상대기조'란 말을 사용한다. 긴급출격 명령이 내려지면 비상대기실에 있던 조종사는 즉시 출격한다. 기종에 따라 항전장비 운영 준비warm up하는 시간이 달라서 3분에서 10여 분까지 걸리는 시간이 다르다.

뻔해 보이는 과정을 반복하면 지루하다. 분명한 건 할 때마다 기량이 는다. TV 프로그램 '생활의 달인'에 나오는 고수를 보면 반복을 통해 경지에 이르렀음을 알 수 있다. 5분짜리 오페라 아리아를 멋지게 부르기 위해 수천 번 연습한다. 군에서 5분 대기 업무를 포함해서 비상조치를 위한 임무 수행을 위해 얼마나 훈련하는가?

2019년 5월에 '마술피리' 무대가 올라간다. 무대에 서기까지 더 많은 땀을 흘릴 터다. 우리 용사들은 각자 '삶의 무대'를 위해 어떤 준비를 하고 있는가? 그대가 설 무대를 위해 응원을 보낸다.

첫 만남

화사한 봄날이었다. 대학로 한 카페에서 두근거리는 마음으로 소개받을 사람을 기다리고 있었다. 앳된 처녀가 들어왔다. 차 한 잔 나누면서 했던 첫 이야기는 기억나지 않는다. 고맙게도 첫 만남 뒤로 인연이 맺어져 30년 동안 한집에서 이야기를 나누며 살고 있다.

다른 환경에서 자라난 두 사람이 만나니까 서로 다른 관점을 이해하는 데 많은 시간이 걸렸다. 여느 부부처럼 신발 벗어놓는 방식이나 치약을 짜는 버릇 같은 사소한 일들부터 자녀를 키우는 문제와 앞으로의 인생계획까지 내 생각을 수정하기는 쉽지 않았다.

젊어서는 가르치는 일에 정말 재능이 없다고 생각했다. 과외선생을 하면서 성과를 내지 못하고 재미도 없었던 탓이다. 박사 학위 공부를 하면서도 대학교수가 되겠다는 생각을 해본 적이 없다. 마흔 중반이 넘어서 대학에서 겸임교수를 하게 되었다. 강의 평가가 아주 좋았다. 나 또한 가르치는 일이 정말 재미있다.

퀴즈 중에 어른은 풀지 못하는데 어린이가 쉽게 푸는 경우가 있다. 그 어려운 문제도 정답풀이를 보면 쉽게 납득이 간다. 어린이는 있는 그대로를 받아들이면서 정답을 찾는데 어른들은 쓸데없는 상상을 하면서 단순한 해법을 놓친다.

편견偏見, prejudice은 '미리pre 결정judge한다'는 말이다. 인생을 살다 보니 편견이 바른 판단에 장애가 됨을 알게 된다. 살면서 체득한 경험과 배운 지식이 걸림이 된다. 사물을 직접 보고도 열린 마음으로 판단하지 않는다. 데니 디드로는 "무지無知가 편견보다 진실에 가깝다"라고 했다.

편견으로 타인을 규정하지 않았다면 만남을 통해 온전히 타인의 가치를 알았을 터다. 여러 모양으로 불편했던 사람들에게서도 내 인생에 의미 있는 관계를 만들었을 게다.

편견으로 내 자신을 규정하지 않았다면 스스로 재능을 제한하지 않았을 터다. 어쩌면 뒤늦게 발견한 장점을 살려 가르치는 일을 하게 되었을지 모른다. 수없이 다가왔던 많은 기회를 상대로 능력이 없다며 움츠러들지 않았을 게다.

편견으로 사물을 바라보지 않았다면 진실에 쉽게 다가섰을 터다. 행복의 파랑새처럼 가까이에 쉬운 답을 두고도 멀리 돌아오진 않았을 게다.

다양한 병사들이 모이는 병영은 편견으로 인해 많은 갈등을 겪게 된다. 나도 강원도에서 육군병장으로 보낸 3년이 힘들었다. 군대가 아니라면 만나지 못했을 분야에서 성장한 사람들이 모이니 서로 이해하지 못할 일이 많다. 하지만 군대에 다녀온 사람들은 군대생활 얘기가 나오면 흥이 나고 이야기가 끊이지 않는다. 힘들었어도 자신이 성장할 수 있었다는 증거다. 평생 서울을 벗어나 살아본 적이 없던 나에게도 군대경험은 무척 소중하다. 편견에 갇혀있는 사람은 고통을 느낄 수 있다. 편견을 깨고 군대생활을 한다면 크게 성장하리라 믿는다.

"잊지 말자. 나는 어머니의 자부심이다." 윤태호 작가의 "미생"에 나오는 대사다. 병영칼럼을 통해 국방일보 독자를 처음 만난다. 6개월간 만남을 통해 어떤 경험을 하게 될지 기대가 크다. 예비역 육군병장의 심장이 두근거린다. "잊지 마시라, 여러분은 대한민국의 자부심이다."

엄마 밥상

"밥 먹었니?"

늦게 귀가하면 엄마는 물으셨다. 엄마 손맛이 밴 소박한 밥상을 차려주셨다. 이맘때 밥상 위에는 따뜻한 밥과 내가 좋아하는 오이 반찬이 올라왔다. 아삭한 오이소박이, 오이지무침, 오이냉국 등이다.

부모님 곁을 떠나 40년 전 논산훈련소에서 먹었던 밥은 참 맛이 없었다. 부대 내 매점은 빵과 과자로 배를 채우려는 훈련병들로 가득 차곤 했다. 한두 주가 지나면서 모두 군대 음식에 적응이 되었다. 왕성한 식욕이 솟아나 없어서 못 먹지 맛없어서 못 먹지는 않았다.

자대 배치 후 식사 시간은 기다려지는 시간이었다. 소고기가 나오는 날이면 건더기 하나라도 더 얻으려고 애를 썼다. 고참병들은 라면스프와 고추장을 밥에 비벼 먹었다. 토요일마다 나오는 라면은 퉁퉁 불어서 정말 맛이 없었다. 과일은 1년에 한 번 새해 첫날 나왔다.

최근 군대 식당은 어떻게 변했을까? 수년 전 전역한 아들에게 물어봤다. 고기가 나오면 건더기 하나라도 더 먹으려고 애쓰는 모습은 여전하다. 도시락 라면이 나와서 각자 물 부어 먹는단다. 퉁퉁 불은 라면은 없어졌다니 다행이다. 대신 주말에 맛있는 군대리아 햄버거가 나온단다. 그래도 매점에서 끼니를 해결하는 병사도 더러 있다고 한다.

요즈음은 '먹는 방송' 전성시대다. 맛집을 소개하고 요리방법을 알려주는 수준을 넘었다. 냉장고를 들고 와서 남자 요리사들이 요리를 경연하거나, 연예인이 숟가락 하나 들고 남의 집 문을 두드린다.

먹방이 인기 있는 이유는 무엇일까. 원초적 본능인 식탐을 소재로 다이어트에 시달리는 시청자들에게 대리만족을 준다. 방송사 입장에서도 제작비가 적게 들고 간접광고 효과가 높아 수익이 높다. 근본원인은 1인 가구 증가(2015년 27.2%)에 있다. 혼자 밥을 먹는 인구가 늘어 쓸쓸함을 달래려고 누군가와 함께 밥을 먹는 가상현실로 먹방을 시청한단다.

세상에서 가장 맛있는 음식은 무엇일까? 사람마다 입맛이 다르니 정답이 없다. 누구와 함께 식사하느냐가 음식 맛에 큰 영향을 준다는 데에는 이견이 없다. 세계적인 요리사 제임스 비어드는 '음식은 우리의 공감대, 세계적인 공감대다'라고 했다. 함께 밥을 먹으며 서로 친밀하게 유대감을 형성한다는 얘기다.

예비역 육군병장인 아들은 군대 식당이 밥 먹으면서 전국에서 온 사람들과 어울릴 수 있는 시간이며 공간이라고 했다. 실제 전투가 일어나면 나를 살리기 위해 죽을 수도 있는 전우들과 함께 밥 먹는 자리다. 군대에서 맺은 인연을 언제 다시 보겠나 싶어도 세월이 흐르면 군 시절 함께 했던 사람들이 그립다. 예비역들이 부대 밥을 추억으로 기억하는 이유는 '전우'라고 하는 천연조미료가 더해졌기 때문이다.

입대 전 비만이던 아들이 제대할 때 몸짱이 되어 나왔다. 부대 밥 열심히 먹고 운동을 열심히 한 결과다. 틈나는 대로 군PC방에서 몸짱 비결 정보를 얻어서 실천했다고 했다. 군대 식사만으로도 균형 잡힌 몸을 만들 수 있다. 자식을 사랑하는 엄마 밥상 못지않다.

아들이 군대리아를 떠올리며 입맛을 다신다. 함께 식탁에 앉았던 전우들이 그립기 때문은 아닐까?

사진과 비밀

사진을 14살 때부터 찍기 시작했다. 중학생 때 누나가 캐논카메라를 사주었다. 참 많은 사진을 찍었고 다양한 사진기를 거쳤다. 사진기가 귀하던 시절, 직장 행사 때마다 사진기를 들고 다녔다. 이웃 직장 직원은 내가 사진 담당 직원인 줄 알았다고 할 정도였다.

문제는 사진 실력이 잘 늘지 않는다는 점이다. 늘 찍던 대로 찍으니 진전이 없다. 사진특강을 신청했다. 가장 잘 찍은 사진 몇 장을 들고 갔다. 사진기자인 강사가 보여준 사진은 피사체의 생동감이 그대로 전달되었다. 굳이 설명하지 않아도 사진이 전하는 메시지가 분명했다. 내 사진에 대한 평가를 부탁했다. 전하려는 정보가 너무 많다고 했다.

그날 강의 핵심은 "빼기"였다. 초보자일수록 한 장 사진에 너무 많은 내용을 담으려 하기에 산만해진다고 했다. 내가 찍은 사진에서 강조하고 싶은 부분만 남기고 나머지 부분을 잘라내니trimming 훨

씬 좋은 사진이 되었다. 처음부터 중요한 부분에 집중해서 찍거나, 찍고 나서 트리밍해도 멋진 사진을 얻을 수 있다. 예를 들면 손이나 발만 찍는 사진도 충분히 좋을 수 있다. 사진 속 피사체 수가 적으면 시선을 집중시킨다.

요새는 스마트폰 카메라 기능이 아주 좋다. 누구나 일상적으로 사진을 찍는다. 사진 찍는 일을 부담스러워 하는 사람도 꽤 있다. 인터넷을 뒤지면 사진 강의자료가 널려있다. 손쉽게 따라 하면 된다. 디지털이니 마구 찍고 나서 잘 나온 사진을 고르면 된다. 다만 초점이 흔들린 사진은 곤란하다. 셔터를 누를 때 흔들리지만 않으면 된다. 사격할 때 방아쇠를 당기는 자세와 다를 바 없다.

사진 찍히는 일을 어색해하는 사람도 많다. 좋은 표정을 지었다가도 "하나 둘 셋" 하면 돌처럼 굳어진다. 이가 살짝 드러나는 사진이 부드럽다. "김치~, 치즈~"를 소리 내면 입이 약간 벌어지면서 보기 좋은 사진이 나온다. 셀카를 찍을 때도 "은~"하고 소리를 내며 찍으면 자연스럽게 웃는 모습을 담을 수 있다.

사진의 가치는 시간이 흐를수록 빛을 발한다. 마치 골동품 같다. 오래된 사진을 꺼내보면 정말 소중한 과거를 잊고 살았음에 놀란다. 중학교 입학을 앞두고 찰랑거리던 머리를 스포츠형으로 자르고 나서 사진을 찍었을 때 울었던 기억이 난다. 당시에는 어색하고 보기 싫었다. 하지만 오랜 세월이 지난 지금 그 사진 속 나는 얼마나 멋진지 모르겠다. 통상 많은 사람이 사진을 찍고 나면 실망하곤 한다. 자기가 기억하는 자신의 모습과 차이가 나기 때문이다. 하지만 충분히 시간이 지나고 나면 그 모습을 기꺼이 즐거운 마음으로 볼 여유가 생긴다.

사진 속 나는 그대로인데 사진 속 나를 보는 내 안목이 높아진 결과다. 힘들었던 군 생활도 오랜 사진 속에서는 그리워진다. 어딘가 부족해 보였던 젊은 시절도 사진 속에선 되돌아가고 싶어진다. 사진은 내가 늘 멋있었던 사람이란 비밀을 알려준다.

2017년 10월 군 입대한 조카가 훈련소에서 찍은 사진을 보냈다. 군기가 들은 모습이 얼마나 대견한지 모르겠다. 우리 병사들 부모님도 같은 마음이리라. 몇 년 뒤 병사 여러분도 같은 심정이리라.

파파파파파파파파게노~

나는 학생을 가르치는 사람이다. 연구원을 퇴직하고 대학에서 강의한다. 벌써 세 학기째다. 학생 복이 많은지 매학기 200명 정도 가르쳤다. 젊은이들은 자신이 얼마나 멋있는지 아는 사람이 생각보다 적다. 누구든 늙어서야 비로소 지나간 젊음이 참으로 소중함을 깨닫는다.

나는 노래를 썩 잘하지 못한다. 노래를 잘 부르고 싶은 욕구가 있다. 3년 전 한국방송통신대학교에서 개설한 성악기본과정에 등록했다. 한 학기 마치고 오페라반이 만들어졌다. 오페라는 노래와 연기를 해야 하고 음악, 분장, 의상, 조명, 무대세트 등 준비할 일이 많다. 성악 전공자도 오페라 무대에 설 기회가 거의 없다. 주임교수님을 잘 만나서 2018년에 처음 오페라 무대에 섰다. 한 번 하고 나니 아쉬움이 컸다. 다시 도전했다. 지난 5월 4일 모차르트 오페라 '마술피리' 무대에 섰다.

내가 맡은 배역은 새 장수 파파게노였다. 파파게노는 타미노 왕자와 둘이서 자라스토로성에 잡혀간 파미나 공주를 찾으러 간다. 파파게노 도움을 받아 우여곡절 끝에 왕자는 공주를 만난다. 파파게노는 자신에게 짝이 없음을 한탄하다가 자살하려는 순간 극적으로 파파바로게나를 만난다. 아름다운 파파게나를 만나서 기쁨에 차서 부르는 이중창이 '파파게나, 파파게노!'다. 1년 전 배역을 정한 후 악보를 받았을 때 절망했다. '파파파파파파파파게노' 가사가 빠르게 반복되는데 혀와 입술이 움직이지 않았다. 한두 달 해봐도 '파파파파…' 속도를 도저히 따라갈 수 없었다. 교수님에게 못 하겠다고 했다.

교수님이 가르쳐준 마법은 "연습만이 해결한다!"였다. 여러 성악가에게 조언을 구해도 모든 분이 "할 수 있다!"고 했다. 60살이 넘어 혀와 입술이 뜻대로 움직이지 않는데 무슨 마술이라도 부린다는 말인가?

무대 막이 오르기 전 6개월 내내 이중창에 대한 부담을 안고 살았다. 내가 나를 믿지 못하는데 교수님들은 내가 해낼 수 있다고 믿었다. 시간이 날 때마다 연습을 했다. 어떤 날은 제 속도로 부르기도 했다. 그 다음 연습 때는 또 되지 않았다. 파파게나 역은 오페라 마술피리에서 이중창 단 한 곡만 부른다. 모차르트가 그렇게 작곡을 했다. 내가 망치면 상대배역까지 피해를 본다. 두 달 전부터는 연습 시작 한 시간 전에 나와서 이중창을 연습했다.

드디어 무대 막이 올랐다. 파파게나를 만난 파파게노 기쁨을 "파파파파파파파파파게노~!"에 실어서 노래했다. 실수하지 않았다. 누구보다도 내 스스로에게 고마웠다. 내가 할 수 없었다고 생각한 노래를 불렀다는 사실이 꿈만 같았다.

'파파게노 효과'란 말이 있다. 언론이 자살 보도를 자제함으로써 자살률을 낮추는 효과다. 오페라에서는 요정 셋이 나타나 자살하려던 파파게노에게 희망과 용기를 북돋아 준다. 파파게노는 파파게나를 만나 남은 삶을 행복하게 살아간다. 반면 '베르테르 효과'란 말도 있다. 유명인이 자살하면 따라서 자살 시도가 늘어나는 심리현상이다. 괴테 소설 '젊은 베르테르의 슬픔'을 읽은 많은 청년이 베르테르를 따라 모방 자살을 했다.

누구나 마음속엔 희망과 절망이 함께 있다. 파파게노는 희망을 꺼내고 베르테르는 절망을 꺼낸다. 처음 악보를 받았을 때 절망감을 느꼈던 내가 결국은 이중창을 부를 수 있었다. 나조차 발견하지 못한 내 잠재력을 교수님들은 읽어냈다. 끊임없이 희망을 주고 격려하며 용기를 주었다. 저절로 머리가 숙여진다.

무대 위 '파파게노'는 다시 학생을 가르치는 교수가 되어 강단에 선다. 학생들 앞에서 더 자신 있게 가르치고 격려할 용기가 생겼다. 젊은이들이 보지 못하는 자신만의 잠재력을 꺼내도록 도울 테다. 내 학생이 남과 비교하지 않고 자신이 가진 장점과 능력을 찾아낼 수 있다고 나는 학생들에게 외친다. "파파파파파파파파파게~노~!"

02

도전을 통한 성장

몸치와 마라톤

나는 몸치다. 어려서부터 운동과 담쌓고 살았다. 친구들과 동네 공터에서 축구하다가 얼굴에 정통으로 공을 맞고 축구를 관두었다. 100m 달리기 경주에서 꼴찌를 하고는 달리기를 하지 않았다.

"보병은 3보 이상 구보, 포병은 3보 이상 승차" 운이 좋게 병사생활은 포병대대에서 했다. 포병에서도 10km 구보가 없지는 않았지만 덜 뛰어서 좋았다. 훈련 때면 철원 문혜리 벌판과 용화동 산길을 트럭 타고 다녔다.

직장 탁구회에서 신입회원을 모집했다. 잘 치는 선배와 랠리를 하다가 "왜 그리도 못 치냐?"는 핀잔을 들었다. 그만두었다. 테니스와 골프를 권유받은 적도 있다. 날아오는 공이나 고정된 공 모두 왜 그리도 맞추기 어려운지 레슨 몇 번 받고 관두었다.

10년 전부터 혈압약을 먹기 시작했다. 혈압약은 피의 압력을 떨어뜨려서 약해진 혈관이 터지는 뇌일혈을 예방할 수 있다. 문제는 혈압이 오르는 원인을 고치지는 않는다는 점이다. 혈관과 혈액이 좋은 상태가 아닌데 혈압만 떨어뜨린다. 말단 혈관인 뇌 모세혈관에 피가 원활히 공급되지 않을 수 있다. 뇌경색이나 치매로 이어질 가능성이 높단다. 노인이 되어 가장 비참한 질병은 뇌 기능이 떨어지는 질병이다. 혼자서 사람 구실하지 못하니 가족 모두 힘들다. 어머니께서 십여 년간 아버지 중풍 병구완하시느라 엄청 고생하셨다.

후배 교수를 만났다. 운동으로 혈압약을 끊었다고 했다. 의사 친구가 권한 3가지 비결을 따랐단다. 자동차 운전을 그만두었고 매일 만 보 이상 걸었다고 했다. 매일 1,000계단을 오르기 위해 엘리베이터는 타지 않는단다. 사실 계단 오르기를 빼고는 어려운 일이 아니다. 다른 누구와 경쟁하는 운동이 아니라서 부담 없이 혼자 할 수 있다. 말년에 폐 끼치지 않기로 작정하고 마음을 바꿨다.

될 수 있는 대로 걸을 기회가 있으면 걸었다. 예전에는 조금이라도 덜 걷는 궁리를 했었다. 생각을 바꾸니 7~8km 정도는 쉽게 걷게 되었다. 14층 아파트를 걸어서 오르내리는 일도 어렵지 않았다. 되도록 걸어 다니다 보니 승용차에 먼지만 쌓였다. 차를 팔았다.

생활체육지도자인 벗이 달리기를 권유했다. 나이 60이 넘어 무릎관절이 부실해지는데 달리기라니? 사전에 며칠간이라도 준비운동을 해야 달릴 수 있다고 생각했다. 강권에 못 이겨 아무런 준비 없이 얼떨결에 10km 달리기에 참가했다. 친구는 워크브레이크Walk Break 주법을 권했다. 이 주법은 '달리다, 걷다'를 일정하게 반복한다. 달리는 도중 걷기를 통해 근육에 쌓이는 젖산을 분해한다. 달리기 근육과 걷기 근육을 교대로 쓰면서 번갈아 쉴 수 있고 부상 위험과 피로 누적을 현격히 감소시킨다. 처음 출발부터 2분 달리고 1분 걷기를 해서 끝까지 완주할 수 있었다. 친구는 몸에 오는 충격을 완화하기 위해 비타민C를 평소보다 많이 먹어야 좋다고 했다.

친구는 두 달 뒤 하프 마라톤을 권했다. 하프 마라톤이면 21.0975km이다. 마라톤 뛰다가 죽는 사람도 있다는데 엄두가 나지 않았다. 뛰다가 힘들면 중간에 그만두라는 말을 듣고 참가했다. 10km를 뛰어 보았으니 그만큼 가보고서 힘들면 그만두려고 했다. 역시 워크 브레이크 방법으로 뛰다 걷다 하며 완주할 수 있었다.

10km 뛴 지 1년 뒤 환갑을 맞아 2016년 조선일보 춘천마라톤 풀코스 42.195km에 참가했다. 북한강을 따라 단풍이 아름다운 주로를 달리는 일은 평생 한 번 해보고 싶은 도전이었다. 대회를 앞두고 준비운동을 열심히 할 여건이 되지 않았다. 시간이 나는 대로 걷고 계단을 오르내렸다. 컷오프가 6시간이다. 6시간 내에 완주하기로 목표를 정했다. 워크브레이크 시간 간격을 1분 달리고 1분 걷기로 정했다. 초반에 체력을 비축한 덕분에 완주할 수 있었다. 첫 기록이 5시간 43분. 다치지 않고 완주할 수 있었다는 사실이 엄청나게 큰 만족감을 주었다.

2019년 3월 17일 제90회 동아일보 서울국제마라톤 풀코스에 도전했다. 3년 반 만에 다섯 번째 풀코스 참가였다. 아마추어 선수 35,000명 중에는 이웃나라 중국, 일본, 미국을 비롯해서 많은 나라 일반인들이 참가했다. 코스는 광화문을 출발해서 시청, 남대문, 을지로, 청계천, 종로를 거쳐 서울숲을 지나 잠실대교를 건너 잠실종합운동장으로 들어가는 길이다. 연도에 늘어선 시민들은 찌아요加由!, 간바레がんばれ!, 고우고우go, go!, 파이팅!을 외치며 응원했다.

함께 뛰고 있던 사람들이 하나같이 행복해 보였다, 두 청년이 배트맨과 스파이더맨 복장으로 참가했고, 아기공룡 옷을 입고 온 캐나다 젊은이도 있었다. 생기발랄한 소녀 복장을 한 중년여성도 있었다. 장애우를 휠체어에 태워 밀며 달리는 선수도 있었다. 70세 생신 기념 플래카드를 들고 결승선을 통과하기도 했다. 자기가 갖고 있는 생명력을 한껏 피워 향기를 내는 봄의 축제였다.

풀코스를 뛰고 나니 하프코스나 10km는 어렵지 않다. 풀코스는 30km가 고비다. 왼쪽 무릎과 발목에 통증이 있더니 35km부터 심해졌다. 고통이 커지면서 포기해야 할지 고민했다. 포기한다 해도 누가 뭐랄 사람이 없다. 체력이 문제가 아니라 정신력이 문제가 된다. 이미 몸 상태가 기록 갱신을 할 수 없었다. 37km 지점에서 남은 5km를 걸어서라도 완주하기로 결심했다. 결승선을 1km 남기고 81세 노인과 함께 가게 되었다. 머리가 허옇게 센 노인이 어찌나 행복해 보이던지.

마라톤이 정말 힘들다. 힘든 만큼 자신을 되돌아볼 수 있는 엄청난 운동이다. "완주 메달을 목에 거는 순간 순위와 기록에 상관없이 모두가 승리자다."란 말에 적극 공감한다. 마라톤에는 각자 인생의 드라마가 다 들어있기 때문이다. 어느 인생이고 포기하고 싶은 생각이 들었던 때가 없었겠는가?

이젠 나를 몸치라고 생각하지 않는다. 마라톤을 시작하고서 계단을 부담스러워하지 않는다. 나 같은 사람도 달릴 수 있으니 누구라도 달릴 수 있다. 내가 20대 군 복무시절로 돌아갈 수만 있다면 나 자신을 몸치로 규정하지 않을 테다. 열심히 운동을 해서 건강한 나날을 보냈으리라. 다행인 건 내 아들이 포병보다 몸을 더 쓰는 보병 말단부대에서 복무했다는 것이다. 소총병으로 복무하면서 열심히 운동했다. 몸꽝이었던 녀석이 입대 후 체중을 15kg이나 빼고 몸짱으로 전역했다.

우리 용사들이여, 구보도 열심히 하고 건강한 몸으로 돌아오라!

제대를 아쉬워할까?

...

갓 입대한 병사가 가장 원하는 일이 뭘까? '휴가'다. 40여 년 전 나의 군 시절이나 지금이나 마찬가지다. 군대가 아무리 좋아졌어도 엄마 밥을 먹을 수 있는 집보다 편하지 않다. 20대 초에 가족과 친구를 떠나 별세계로 들어가 적응하기는 어렵다. 규율이 엄한 군에서 새로 만난 사람들과 익숙해질 때까지 시간이 걸린다. 처음 해보는 군 업무도 서툴러서 매번 지적받는다.

처음이 어렵지 수개월이 지나면 몸이 알아서 적응해 준다. 야전 훈련을 마치고 부대 내무반으로 복귀할 때는 얼마나 푸근한지 모른다. 병사로 철원에서 군대생활을 했다. 첫 휴가 복귀 때는 부대로 돌아가는데 발걸음이 정말 무거웠다. 버스터미널에서 부대 입구까지 복귀하는 길이 왜 그리도 길고 지루하던지. 세월이 흘러 말년 휴가 보내고 부대로 돌아갈 때는 똑같은 그 길이 편안하고 정겨웠다.

2018년 5월 첫 주 정년퇴직을 했다. 35년간 몸담았던 직장을 떠나는 일은 지난 시간들과 정리하는 과정이 필요하다. 연구실 책장을 가득 채웠던 책과 보고서, PC 내에 쌓여있던 자료를 정리해야 했다. 선배들이 퇴직 임박해서 짐을 치우느라 애쓰던 모습을 보며 수개월 전부터 차근차근 준비했다. 후배들에게 줄 것 주고 버릴 것 버렸다. 한 달 남기곤 연구실 짐이 엄청 줄었다. 남은 짐을 금방 정리하리라 예상했건만 쉽지 않았다. 35년간 쌓였던 사연이 담긴 자료, 물건과 이별하는 일이 어려웠다.

퇴직 당일엔 말끔하게 정리한 연구실과 PC로 보안과 직원 점검을 받았다. 퇴직 후 처분한 물건과 자료가 없어도 전혀 불편하지 않다. 있었어도 활용하지 못했는데 없으니 가뿐하다. 몸이 활동하는 공간은 물론이고 마음이 머무는 영역에도 쓸데없는 짐을 너무 많이 가지고 있다. 버리고 나면 가벼워지건만 버리지 못해 이고 지고 사는 짐이 얼마나 많은가?

35년을 살아오면서 힘든 일이 왜 없었겠는가. 무엇보다 사람들과 부대낀 일이 가장 어려웠다. 힘든 당시에는 '누구 때문에'라는 원망을 했다. 시간이 오래 지나고 나니 여유 있게 돌아볼 수 있다. 어려운 과정을 통해 성장한 나 자신을 발견했다. 내 일을 반대한 사람이 있었기에 더욱 분발해서 잘할 수 있었다. 내가 못하는 점을 공격한 사람 덕분에 약점을 보완하려 최선을 다했다. 성공적으로 경력을 마치는 자리에 서기까지 격려와 함께 질책과 견제 또한 밑거름이 되었다. 그러니 원망할 일이 아니다.

그간 케케묵은 원망을 붙잡고 살았다. 원망은 어깨를 짓누르고 새로운 일을 할 긍정에너지를 위축시켰다. 퇴직을 앞두고 남은 날짜를 셀 수 있었을 때 하루하루가 정말 소중했다. 출근할 수 있다는 사실만으로도 행복했다. 힘들게 했던 분들도 용납할 수 있게 되었다.

원망을 털어내고 나니 마음이 가벼워졌다. 고마운 마음으로 가득 찼다. 진작 이렇게 살았더라면 더욱 멋진 사람이 될 수 있었겠단 생각이 든다.

35년간도 지나고 보니 금방이다. 무심코 흘려보낸 시간이 너무 많다. 안정된 직장에서 안주하고 머무르는 삶을 살아왔다. '끝'이 있다는 사실을 잊지 않고 하루하루를 아껴서 살았어야 했다. 어느 사람에게나 영원히 지속되는 일은 없다. 인생 자체가 유한하다. 모든 사람이 죽음을 피해갈 수 없다. 죽음을 거치면 다시 돌아올 수 없다. 죽음이 있기에 삶이 그만큼 귀하고 빛나고 값지다. 보석이 귀하고 비싼 이유는 무한정 구할 수 없기 때문이다. 내 삶의 나날은 거저 주어졌지만 지나고 나면 다시 오지 않기에 귀하고 소중하다.

군 복무기간도 '끝'이 있다. 의무 복무하는 젊은 병사나 장기 근무하는 직업군인이나 마찬가지다. 고된 군 생활도 끝이 있고 다시 되돌릴 수 없는 소중한 시간임을 깨달으면 훨씬 수월하게 지낼 수 있다. 육군 병사 복무기간이 18개월로 점차 줄어가도 군 생활은 쉽지 않다. 생각을 전환하지 않으면 여전히 힘들다.

힘든 일이라도 내가 좋아서 하면 힘든 줄 모른다. 예비역 병장인 아들은 비만으로 입대했다. 아들은 이왕 군에 왔으니 제대로 몸 관리해 보겠다고 작정했다. 유해발굴단에 편성이 되어 산을 오르내릴 때 즐거운 마음이 생겼다고 한다. 일부러 시간 내서 등산도 하는데

산에 올라 땅 파면서 체력을 키울 수 있어 좋았단다. 시켜서 하는 일이었지만 그 안에서 자발적 동기를 찾아냈다.

예수는 서른 살이 되었을 때 집을 떠나 광야로 갔다. 40일간 금식하면서 고생을 사서 했다. 힘든 과정을 거치면서 인류를 이끌 리더십을 길렀다. 석가도 안락한 왕족생활을 버리고 가족을 떠나 29세에 출가했다. 고행을 통해 완전한 깨달음을 얻었다. 어려움을 겪지 않고 삶의 지혜를 얻기는 어렵다. 몸이나 마음을 누군가에 의존하지 않고 오롯이 내 힘으로 이끌어가기란 쉽지 않다. 그런 과정을 거치지 않고 독립된 인간으로 성장하긴 불가능하다. 어떤분은 자식에 대한 사랑이 지나친 나머지 자식의 대학생활에 깊게 관여하기도 한다. 자식이 직장에 취직하고 혼인한 후에도 과도한 배려로 자녀가 부모에게 의존하도록 만든다. 이런 자녀는 보호막이 없어지면 생존능력이 떨어진다.

군대는 나를 단련시켜 준 학교였다. 부모님을 떠나 군대에 와 있던 3년간 많이 단단해졌다. 국이 없으면 밥 먹지 않던 철부지가 어떤 음식도 먹을 수 있게 되었다. 추운 겨울 동계훈련에 나가 언 땅을 파서 잠자리를 만들어 잠을 잤다. 야전삽과 간단한 연장만으로도 생존을 위해 살아갈 수 있는 지식을 얻었다. 학교와 고향에서 만날 수 없었던 다양한 사람을 만났다. 군대는 그들이 살아온 삶을 가까이서 보고 느낄 수 있었던 인생학교였다.

국방부는 2018년 3월 8일 병사를 사역에 동원하는 행위를 금지한다고 발표했다. 스마트폰과 사이버지식정보방을 통해 학점은행제로 공부를 이어갈 수 있다. 보직과 관련된 자격증을 딸 수 있도록 배려한다. 다양한 취미를 살리는 동아리 활동을 장려한다. 이처럼 자기 계발을 위한 환경 조성을 했어도 결국 병사가 어떻게 활용하느냐가 중요하다. 자신이 살아갈 미래를 꿈꿀 때 다시는 돌아오지 않을 병영생활을 즐길 수 있다.

주위에 그대를 힘들게 하는 사람이 있는가? 지나고 보면 그 사람이 그대를 성장시킬 선생님이다. 약으로 알고 버텨라. 제대를 앞둔 용사가 군 생활을 아쉬워하게 될까? 그렇다면 만점 제대다. 그 용사의 미래가 기대된다.

자기 계발을 위한 환경 조성을 했어도 결국 병사가 어떻게 활용하느냐가 중요하다

35년간 몸담았던 직장을 떠나는 일은 지난 시간과 정리하는 과정이 필요하다.
군 생활도 마찬가지

작심 3일과 30일 도전

...

누구나 새해가 되면 멋진 계획을 세운다. 어제까지 게으르게 살아온 나를 벗어버리고 새로운 사람이 되려는 희망에 부풀어 오른다. 담배를 끊고, 외국어 학원에 등록하고, 다이어트와 운동을 병행한다. 담배 매출은 줄고, 어학학원과 헬스클럽은 문전성시를 이룬다. 그것도 잠깐뿐이다. 올해도 어김없이 '작심 3일'이다. 굳었던 결심은 일주일, 이주일 지나고 나면 무너지기 일쑤다. 작심 3일이 습관이 되어 이젠 도전해 보겠노라 말도 못 하게 된다.

'30일 동안 새로운 일 시도하기'. 구글 컴퓨터공학자인 맷 커츠Matt Cutts가 테드TED를 통해 한 강연 제목이다. 미국 모건 스펄록 감독이 30일 동안 햄버거만 먹은 다큐멘터리를 찍은 데서 아이디어를 얻었다고 한다. 의외로 간단하다. 해보고 싶었던 일을 30일 동안 계속하는 도전이다. 매일 사진 찍기, 자전거로 출근하기와 같이 간단한 도전을 성취하면서 자신감이 자란다. 작지만 지속할 수 있는 도전은 앞으로도 계속하게 된다. 자신감을 바탕으로 더 큰 도전도 할 수 있다.

2018년 가을 학기 강의를 시작하면서 학생들과 함께 '30일 도전'을 해보기로 했다. 입학하면 학교공부를 따라가기 바쁘고 취업 준비를 하다 보면 어느새 졸업이다. 이번 도전을 통해 좋은 습관을 기르고 자신감을 키우면 좋겠다. 학생들은 일기 쓰기, 만보 걷기, 텀블러 사용하기, 하늘 사진 찍기, 시 필사, 물 2리터 마시기, 한 번도 먹어 보지 못한 음식 먹기, 20쪽씩 독서 등에 도전한다.

도전에 성공한 경우 학점에 반영하기로 했다. '30일 도전' 성공 여부는 조 편성을 해서 다른 조원이 판단하라고 했다. 조원들이 허술하게 판정을 내리면 모두 감점하겠다고 했다. 사실 서로 도전 과정을 공유하면서 격려하고 응원하며 함께 성공하길 바라는 의도를 담았다.

나도 함께 도전하기로 했다. 내 도전은 '매일 북한산 등산과 1,500자 글쓰기'이다. 나는 건강을 위해 북한산 옆으로 이사 왔건만 지난 10개월간 북한산에 4번 갔다. 주중에는 바쁘고 주말엔 늦잠 자느라 갈 시간이 없었다. 더 정확하게는 새벽에 눈을 뜨자마자 스마트폰을 붙잡고 SNS를 하다 보면 한 시간이 금방 간다. 아침 등산과 저녁 글쓰기를 하려면 자연스레 SNS 다이어트를 할 수밖에 없다.

막상 도전해 보니 쉽지만은 않다. 아침에 눈 뜨자마자 스마트폰에 손도 대지 않고 집을 나서니까 북한산에 오를 수 있다. 그 쉬운 일을 10개월 동안 하지 못했다니. 하지만 글쓰기는 만만치 않다. 도전 첫날 저녁 동호회 문제로 회원 몇 사람과 통화를 하고 밴드에 글을 올렸다. 도전과제 글을 쓰려 하니 에너지가 소진되어 진도가 나가지 않는다. 새로운 습관을 더하려면 기존 습관을 빼야 가능함을 절감했다. '더하기'보다 '빼기'가 더 어렵다. 학생들에게 도전하라고 말하기는 쉬워도 내가 모범을 보이기 어렵다. 수강생들에게도 쉽지 않다고 고백했다.

학생들과 함께 '30일 도전'을 시작하니 포기할 수가 없었다. 함께 하니 큰 힘이 된다. 30일 뒤 내게 적지 않은 변화가 일어났다. 추석 연휴에 가족과 함께 가끔 가는 강화도 마니산에 다녀왔다. 늘 힘들게 올랐었는데 쉽사리 정상에 올랐다. 춘천마라톤 풀코스도 다리에 쥐가 나지 않고 완주할 수 있었다. 우리 학생들도 30일간 지속한 도전이 가져온 작지 않은 변화를 경험하게 했다.

우리 용사도 내무반 전우와 함께 '30일 도전'을 시도해 보는 건 어떨까? 단조로운 군 생활이 훨씬 재미있을 수 있다. 각자 정한 작은 도전을 차곡차곡 성취해 가다 보면 진짜 멋진 자기 자신을 발견하리라!

겨울과
헝그리 정신

...

겨울이면 멧돼지가 민가로 내려온다. 겨울 산에 먹을 게 없어 배가 고프니 위험을 무릅쓴다. 운이 좋으면 양식을 구하고 운이 나쁘면 생명을 잃는다. 겨울은 동물만 힘겨운 게 아니다. 나무는 겨울을 견디기 위해 생존에 필요한 최소한만 남기고 앙상한 가지로 버틴다. 벌판에서 추위와 눈보라를 견딘다. 추위와 바람을 이기지 못하면 쓰러진다. 살아남은 나무는 나이테에 단단한 흔적을 남기고 꿋꿋이 서서 봄을 맞는다.

집에서 길들여진 동물이 버려지면 살아남기가 쉽지 않다. 스스로 생존에 필요한 먹이를 구하는 일은 때론 목숨이 걸린 일이다. 척박한 환경을 경험하지 못했기 때문이다. 온실에서 아름답게 가꾼 식물을 밖에 두면 쉽게 시들고 죽는다. 살아남기 위해 필요한 물과 양분을 스스로 구해보지 못했기 때문이다. 살아남은 동물을 보면 눈빛이 예사롭지 않다.

군대 다녀온 아들이 직장을 택하지 않고 친구들과 함께 창업을 했다. 사업은 불확실성과의 씨름이다. 언제 위기가 올지 알 수 없다. 밤잠 자지 못하고 고민하는 아들을 보면 안쓰럽다. 도와주고 싶은 마음이 굴뚝같지만 꾹꾹 참는다. 도움을 받기 시작하면 스스로 문제를 해결할 힘이 생기지 않기 때문이다.

2018년 가을 학기에 가르쳤던 학생 중에 한 학생을 오랫동안 잊지 못할 듯하다. 기업 임원인 아버지와 심리학 박사인 어머니의 외동아들이다. 중학교 때부터 용돈을 받지 못했다고 한다. 이 학생은 장난감이 있고 군것질하는 친구들이 부러워 아르바이트를 시작했다. 6년이 지나 대학생이 되어서 부모 도움이 없이 학비와 용돈을 벌고 있다. 인터넷을 통해 1인 기업을 운영한다. 스카이캐슬에 나오는 자녀처럼 고액과외를 받지 않고 스스로 힘으로 공부한다. 지난 학기에 내 과목을 포함해서 전과목 A+를 받았다. 이 학생이 S대 의대를 가지는 않았지만 우리나라를 이끌어갈 훌륭한 인재가 되리라 믿는다.

"Stay hungry(갈구하라)!" 스티브 잡스가 스탠포드 대학교 졸업식 축사로 한 말이다. 그는 자신이 세운 애플사에서 쫓겨나 힘든 생활을 했다. 그러나 굴하지 않고 '픽사'를 세우고 '토이스토리'를 제작했다. 다시 일어난 잡스는 성공한 후에도 고생했던 때를 잊지 않고 분발했다. 역설적으로 잡스가 애플사에서 승승장구했더라면 지금 같은 성취를 이뤘을까 싶다.

성공한 사람 이야기를 들어보면 겨울처럼 힘든 시기를 거치지 않은 사람이 없다. 가족에게마저 버림받고 끼니와 잠자리 걱정하던 사람이 일어난 사례도 많이 있다. 재미 벤처사업가 이종문 회장은 모든 직원이 떠나고 아내에게마저 버림받았다. 단 한 명 남은 직원과 함께 '다이아몬드 멀티미디어 시스템'을 다시 일으켜 세웠다. 어려웠던 시절이 있었기에 지속가능한 사업을 운영했고 엄청난 기부를 하고 있다.

군대 지휘관에게 전화하는 부모가 있다고 한다. 전화까지 하지는 않아도 자식 걱정하지 않는 부모는 없다. 그만큼 군대생활은 녹록치 않다. 지휘관과 선임이 따뜻하게 보살펴 주어도 스스로 챙겨야 할 일이 많다. 스무 살 넘은 젊은이가 부모로부터 독립된 삶을 살아볼 수 있는 좋은 기회다. 부모의 지극한 보살핌을 받아온 병사에겐 어쩌면 겨울처럼 힘든 시기일지도 모른다. 광야에서 겨울을 맞는 나무를 생각해 보면 좋겠다. 겨울을 겨울답게 보내지 못하면 성장하기 어렵다.

때는 이른 봄이다. 겨울 빈 들판에서 살아남은 식물이 다시 아름다운 꽃을 피우리라. 우리 용사들도 군에서 갈고 닦은 인내심을 바탕으로 사회로 나와 빛나는 삶을 살아가리라. 겨울이 주는 지혜를 잊지 말자!

2030세대 영정 사진

최근 영정 사진을 찍는 2030세대가 늘어난단다. 팔팔한 젊은이들이 죽음을 앞두고 찍는 사진을 마련한다니 의아하다. 영정 사진을 찍는 이유는 '죽음 앞에서, 인생을 진지하게 생각해 볼 수 있기 때문'이란다. 하루라도 젊을 때, 다시 힘내기 위해 찍는단다. N포세대로 힘든 시기를 겪고 난 취업준비생은 '죽음을 떠올리니 최선을 다하고자 하는 마음이 생겼다'고 했다.

장례식장에선 앞에 놓인 사진을 보며 고인과 마지막 작별인사를 한다. 갑작스런 죽음을 당한 고인은 자신이 남긴 마지막 모습을 알 길이 없다. 내 어머니 경우도 77세가 되신 해에 예상하지 못한 때에 돌아가셨다. 인자하신 어머니를 잘 표현할 수 있는 사진을 찾았는데 썩 맘에 들지 않았다. 장례기간 중에 조문객이 몰려오고 자주 겪지 않은 의사결정을 해야 하느라 차분히 사진 찾기가 어려웠다.

영정 사진을 찍어두면 유사시 잘 사용할 수 있다. 죽는 순서는 나

이와 무관하다. 노인세대는 물론 2030세대에게도 영정 사진이 필요하다. 더 중요한 이유는 삶에 더욱 강한 의욕을 가질 수 있다는 점이다. 모든 생명이 유한하다는 걸 상식적으로는 안다. 허나 내 생명이 어느 순간 끝날 수 있다는 생각을 하긴 어렵다. 죽음 너머를 알 수 없으니 죽음이 두렵다. 그래서 생각하기 싫다. 아침에 눈을 뜨면 저절로 이어지는 삶은 다음 날도 계속될 거란 착각을 하게 한다. 당연하게 주어지던 하루가 마지막이라면 그 하루가 소중할 수밖에 없다.

2010년 3월 26일 천안함 폭침은 끔찍한 사건이었다. 소중한 46명의 젊은 군인이 희생되었다. 합동장례식 때 사용할 만한 사진이 없었다. 배경에 태극기를 합성해서 사진을 만들었다. 미군은 주기적으로 성조기와 부대기를 배경으로 사진을 찍는다. 군인답게 늠름한 모습을 담는다. 당연히 이 사진을 가까이 두고 본다. 사고가 나면 자연스럽게 영정 사진으로 쓴다. 천안함 사건이 있던 해에 우리 군에서도 태극기와 부대기를 배경으로 사진을 찍기 시작했다. 언론에서는 '전쟁이 임박한 게 아니냐'고 호들갑을 떨었다.

군대는 국가 위기가 있을 때 맨 앞에 선다. 이순신은 난중일기에 '필사즉생必死則生 필생즉사必生則死'라 썼다. 군인이 살고자 하면 죽고, 죽고자 하여야 산다는 말이다. 죽음을 두려워하지 않고 달려들어야 살 길이 보인다는 뜻이다. 그런 결기로 명량해전에서 조선 수군이 13척 배로 일본 수군 130척 이상을 격퇴했다. 성경 「마가복음」 8장 35절에도 비슷한 말이 있다. '누구든지 자기 목숨을 구원하고자

하면 잃을 것이요 누구든지 나와 복음을 위하여 자기 목숨을 잃으면 구원하리라.'

'칼은 뽑았을 때 무서운 것이 아니라 칼집 속에 있을 때 가장 무섭다.'

문재인 대통령이 지난 4월 15일 장성진급 신고 때 한 말이다. 군인은 평화 시에도 위기를 대비하는 존재다. 언제든 칼을 써야 할 때가 오면 자기 목숨과 나라를 지키기 위해 죽기 살기로 싸워야 한다.

얼마 전 오랜 친구들과 영정 사진을 찍었다. 생명이 용솟음치는 봄 경치를 배경으로 행복한 순간을 담았다. 죽음을 통해서 삶을 다시 바라본다. 함께한 순간이 소중하고 함께할 나날이 귀하다.

만물이 생명력을 뽐내는 5월이다. 생명이 아름다운 이유는 끝이 있기 때문이다. 우리 용사들이여, 그대가 가장 행복한 순간을 사진으로 담아두시라! 하루하루가 빛나는 삶을 살아가시라!

물어봐라!

더플백 메고 근무하게 될 부대로 가던 길은 참 멀었다. 논산부터 38선을 넘어 강원도 철원 포병대대로 가는 마지막 길에선 홀로 남았다. 호송병 배려로 공중전화로 식구들과 통화해 잠시 긴장을 풀었을 뿐 온갖 사물이 낯선 길에서 혼자였던 40년 전 일이다.

이등병 때 강원도 철원 문혜리로 훈련을 나갔다. M50부사수였는데 진지 이동 후 도착해 보니 예비총열이 없었다. 무기를 잃어버려 처벌에 대한 두려움이 엄청 컸다. 어찌해야 할지 선임에게 물어보았다. 선임이 바로 부대대장에게 보고했고, 부대대장은 나와 함께 이동 전 진지로 되돌아가서 총열을 찾았다. 이동하던 사이 시간이 얼마나 길었던가!

사회에서 똑똑하단 얘기를 들었어도 처음 군 생활에선 실수투성이다. 익숙지 않은 많은 일을 챙기다 보면 구멍이 난다. 상병만 돼도 익숙하게 임무를 수행할 수 있다. 하지만 왜 그때 국방부 시계는 더디 갔는지 모르겠다.

초행길에선 길을 잃어버리기 일쑤다. 길가는 어린애에게라도 물어보는 게 최고다. 대학에서 강의를 하면 질문하는 학생이 드물다. 질문을 던져도 대답하는 이가 많지 않다. 짧은 시간에 많은 지식을 전달하려는 효율적 교육의 폐해다. 질문 잘못하면 야단맞고 대답 잘못하면 핀잔을 당한 경험이 있기 때문일 터다. 중국 속담에 "묻는 사람은 잠시 동안 바보가 되지만 묻지 않는 사람은 영원한 바보로 남는다."고 했다.

경험 많은 전략 컨설턴트를 만난 적이 있다. "전략 컨설팅에서는 경험을 배제한다."는 말을 했다. 언론사, 컨설팅사, IT서비스회사를 운영하는 사람이다. 그가 자기 전문분야에서 자타가 공인하는 최고 수준이 되었을 때 어느 대학원생이 면담을 요청했다. 대학원생과 한 시간가량 이야기를 나누고서 자신이 수년간 쌓은 지식과 경험이 대단하지 않음을 깨달았다. 젊은이는 짧은 대화 시간 동안에 핵심적인 질문을 통해 지식을 습득하며 자기 수준을 능가하는 모습을 보였다. 이미 다른 고수들을 만나 날카로운 질문을 던지며 통찰력을 확보한 듯했다. 이처럼 경험은 부족해도 짧은 시간 동안 바른 질문과 사유를 통해서 최고수가 될 수 있다고 했다.

질문만으로 최고 경지에 이를 수 있다 하니 용기를 내보자. 아인슈타인은 "정답보다 질문이 중요하다."고 했다. 질문은 내 안에 있는 생각을 꺼내는 과정이다. 생각을 꺼내기 쉽지 않다. 한 번에 정답을 내려하면 힘들다. 잦은 질문을 통해 작은 생각을 만들어가는 중에 성장을 경험할 터다. 자기 관심이 있는 분야, 좋아하는 일에 집중해서 끊임없이 생각하고 질문하면 내 생각이 자라고 자신감이 생긴다.

쿠바 미사일 위기 때 케네디 대통령은 엄청난 부담을 느꼈다. 제3차 세계대전이 일어날 수도 있던 상황이었다. 다양한 경력을 가진 명문대 출신 참모들이 엄청난 분석을 통해 대안을 제시했다. 케네디는 깊은 생각 끝에 참모들의 건의와 다른 결정을 했다. 자신에게 물었다고 한다. "소련의 후르시쵸프라면 어떤 판단을 할까?" 결과는 케네디 판단이 옳았다.

처음 군대에서 겪는 어려움이 한두 가지가 아닐 게다. 인생 자체가 처음 살아보는 과정이라 새로운 어려움의 연속이다. 혼자 끙끙대지 말고, 주변에 물어봐라.

결국은 자신에게 물어봐라.

예체능 도전

통기타와 청바지가 유행하던 시절에 학교를 다녔다. 주변 친구가 기타를 제법 잘 다뤘다. 나는 겨우 두어 곡 코드를 배워서 흉내만 낼 정도였다. 기타를 멋지게 연주하고 싶었다. 제대로 배우지 못한 채 세월만 보냈다.

한 화학 교수님은 예체능이 중요하다면서 유학시절 경험을 이야기하셨다. 연구란 혼자 하는 일이 아니라서 인적 유대를 잘 맺어야 한다. 공식 모임에서 친밀감을 쌓기는 쉽지 않다. 종종 파티에 가보면 악기를 잘 다루는 사람이 주목받는다. 악기 연주를 통해 자연스럽게 다른 사람과 쉽게 친해지는 모습이 부러워 아코디언을 배우기 시작했노라고 하셨다. 젊을 때 하면 쉽게 할 수 있으니 악기 하나 정도는 배우라고 권하셨다.

젊은 시절엔 '국영수'가 먹고 사는 일에 직접 영향을 미쳤다. 진학과 취직에서 비중이 크다 보니 '예체능'에 신경 쓰기 힘들었다. 나이가 들고 보니 퇴직한 많은 동기가 '예체능'에 관심을 가진다. 사회적 직함이 사라진 자연인이 되고 나니 운동이나 음악과 미술을 통해 건강을 지키고 즐거움을 찾는다.

더 늦기 전에 기타를 배우려고 기타 동아리에 가입했다. 여러 명이 함께 배우고 연습하니까 혼자 할 때보다 진도가 빠르다. 11월 첫 주말로 공연날짜가 잡혀 팀별 연습에 들어갔다. 워낙 초보라서 무대에 서는 일은 큰 부담이다. 바쁜 일상을 쪼개서 연습하지만 기량이 쉽게 늘지 않는다. 중도포기한 팀도 나왔고 스트레스가 커서 중단한 분도 있다.

타고난 재능이 없다면 결국 연습이 답이다. 연주법이 서툴고 코드도 제대로 잡지 못하던 팀원이 공연할 두 곡 코드 진행을 완벽하게 외웠다. 몸에 붙지 않는 주법을 습득하기 위해 식사도 거르면서 집중한 노력 끝에 팀 중심 자리를 꿰찼다. 왼쪽 손가락 끝이 돌같이 굳어진 결과다. 나보다 못하던 사람이 잘하는 모습을 보니 자극이 되어 매일 조금씩이라도 연습을 했다. 일주일 전 리허설 무대에 올라가 보니 외웠던 악보가 생각나지 않는다.

리허설 무대에 서보니 부족한 부분이 저절로 드러났다. 일주일간 부족한 부분을 채우는 노력을 했다. 드디어 공연 당일, 내가 맡은 첫 곡 솔로 연주부분을 제대로 하지 못했다. 하지만 흔들리지 않고 끝까지 연주를 마쳤다. 긴 연습에도 불구하고 역량 발휘를 하지 못해 마음이 무거웠다.

'괜히 공연하겠다고 했나, 그토록 중요한 순간에 그걸 못했나, 왜 그리도 재주가 없나….' 많은 부정적인 생각이 지나갔다. 공연 후 녹화 영상을 봤다. 이런! 실수가 티 나지 않고 무난하게 지나갔다. 팀이 오래 함께 연습한 덕이다. 악보 없는 공연 6분 동안 몇 번 위기가 있었지만 무난히 넘어설 수 있었다. 다양한 개성이 만나 서로 배려하며 정기공연이라는 큰 고개를 넘어 작품을 만들어냈다는 보람이 정말 크다.

우리 병사 모두 악기 하나쯤 배워두면 좋겠다. 낯선 사람을 만나 사귀거나 외국에 가서도 통할 수 있는 자산이 된다. 평생 삶을 풍요롭게 해준다. 도전해 보라!

해보니까 배우고 느끼고 성장한다. 지난 공연 때 솔로파트 놓친 점은 두고두고 복기해 볼 대목이다. 무대가 선생님이다.

무엇이 두려운가?

입영열차가 왕십리역을 떠났다. 열차 안은 적막이 감돌았다. 플랫폼에 배웅 나왔던 가족, 친구, 익숙했던 이들과 헤어져서 생면부지 낯선 인생들을 만났던 40년 전 얘기다.

모든 것이 익숙하지 않은 미지의 세계로 들어서니 불안감이 몰려왔다. 이런 분위기에 익숙한 호송관은 군가를 부르게 했다. "반동은 천당에서 지옥으로, 반동과 함께 군가 시~작! 사나이로 태어나서…"

사나이로 태어나서 군대는 당연히 가야 한다고 생각했다. 우리집 귀한 아들에서 군견보다 낮은 장정을 거쳐 훈련병이 되었다. 6주간 맞고 혼나고 구르면서 신병훈련을 받는 동안 하루하루 버텨내는 일이 중요했다.

군대 가면 개고생할 거라 걱정했다. 막상 닥치고 나니 견딜 만했다. 나만 겪는 과정이 아니라 전우들과 함께할 수 있어서였다. 물론 군대생활에 적응하지 못해 고문관이라 불리는 병사도 있었다. 마치 수영장에 가서 물에 들어가지 못하고 완강하게 버티는 아이 같다.

한 번 배우면 평생 가는 운동이 수영, 자전거, 스케이트다. 처음 두려운 순간만 넘어서면 평생 이겨낼 수 있다. 그 두려움을 넘어서는 것이 관건이다. 해보면 할 수 있는데 평생 못하는 사람이 있다. 타고난 몸치인 나는 환갑이 넘어서 수영으로 한강을 건넜다. 강폭이 1km에 가까운 한강을 건너는 일은 꿈에도 꾸지 못한 일이었다. 경험 많은 수영강사가 인내심을 갖고 도와줘서 두려움을 이겨냈다. 그 기쁨은 말할 수 없이 컸다.

잘 알지 못하기에 두렵다. '실패하면 어떻게 하나?'라는 걱정을 한다. 내 존재가 없어질지도 모른다는 공포를 느낀다. 하지만 실패를 거치지 않고 완성에 이르긴 어렵다. 막상 겪게 되는 실패 또한 그리 치명적이지 않다. 어린 아이였던 내가 무르팍이 깨져가며 걸음을 배우고 달리게 되지 않았던가.

헬조선이라고 한다. 출산, 결혼, 연애에 더해 인간관계와 집을 포기한 오포세대. 또 꿈과 희망마저 포기한 칠포세대라고 한다.

사무엘 울만은 청춘이란 두려움을 물리치는 용기, 안이함을 뿌리치는 모험심, 그 탁월한 정신력을 뜻한다고 했다. 그런 점에서 청춘에는 인생의 어려움을 극복할 저력이 있다.

내가 다니는 직장에 결혼한 27세 청년인턴이 있다. 부모님의 경제적 도움을 전혀 받지 않고 독립했다. 연애에 이어 결혼을 하고 아내는 아기를 임신했다. SH공사가 지원하는 신혼부부 전세대출로 집도 구했고 가족을 위한 꿈과 희망을 키운다. 비결은 환경을 탓하지 않고 '사랑'이라는 본질에 집중해서 해법을 찾은 데 있다. 남과 비교하지 않고 자신의 가치에 집중해서 두려움을 넘어서 문제를 해결했다.

젊은 군인들이 가장 두려워하는 일이 뭘까? 한 예비역 병장의 대답은 "사회에서 도태되면 어쩌나?"였다. "전역 후 무얼 하지?"로 걱정하는 병사들이 많다. 걱정 대신 군 생활 동안 운동, 독서, 취미활동을 열심히 해서 몸과 마음의 근육을 키우면 좋겠다. 막상 닥치면 다 해낼 수 있다.

두려움은 피하고 외면하는 자에게 더욱 세력을 키워서 버틴다. 두려움을 들여다보면 넘어설 길도 보인다.

우리 젊은 용사, 그대는 "무엇이 두려운가?"

03

현실 되돌아 보기

시간이 더디 가는가?

2017년 9월 선물처럼 받은 열흘 황금연휴가 시작되기 전 멋진 계획을 세웠다. 친척 모임, 자전거 국토종주, 오페라 관람, 글쓰기 등이다.

명절 때마다 고생은 여자 몫이다. 젊었을 때는 어른이 계시니 일가친척이 모여 제사를 드렸다. 장손에게 시집 온 아내는 각종 추석 음식을 장만하느라 며칠 전부터 여러 군데 시장에 다녀오곤 했다. 모두가 즐거운 축제가 되어야 할 명절이 아내나 제수씨에겐 고역이었다. 젊은 세대에겐 제사문화가 어색하다. 올해는 과감하게 연휴 시작 전 모여서 함께 선물을 나누고 외식을 했다. 이번 한가위는 모두가 만족한 친척모임이 되었으리라 기대해 본다.

평소 자전거로 국토종주를 하고 싶었다. 4일간 부산까지 가기로 했다. 남한 강가를 달리며 보니 우리 강산이 참 아름다웠다. 유학시절 선진국을 부러워했던 적이 있었지만 이제 우리도 남부럽지 않다.

국가 정책도 중요했고 지자체가 나서서 지역을 가꾼 덕이다. 자전거 여행객을 위한 시설도 많이 좋아졌다. 가족 단위 자전거 여행이 부쩍 늘었다. 어린 자녀와 함께 수백km를 달리는 모습이 참 좋았다. 하지만 아쉽게도 첫날 100km를 달리고는 몸 상태가 좋지 않아 국토 종주는 중단했다.

아내와 오페라 관람도 하고 동네 뒷산을 함께 여러 번 산책했다. 아내는 세월이 갈수록 더 빛나는 존재다. 함께한 세월이 쌓이니 나보다 나를 더 잘 안다. 나이가 들어갈수록 귀에 쓴 얘기를 해주는 사람이 줄어든다. 아내는 둘도 없는 비판자이자 조력자다. 아내의 조언을 잔소리로 듣기 싫어하던 적도 있었다. 나를 위해 균형 잡힌 눈으로 조언해 주고 격려해 주니 큰 힘이 된다.

계획한 일 중에 문제는 글쓰기다. 미루고 미루다 보니 마지막 날 컴퓨터 앞에서 스트레스를 받았다. 시간관리 원칙에는 바쁜 일보다 중요한 일을 먼저 하라고 하지만 늘 쉽지 않다. "변명 중에서도 가장 어리석고 못난 변명은 '시간이 없어서'라는 변명이다."라고 에디슨이 말했다. 시간이 없어서 못 할 일은 없다. 우선순위가 낮아서 미루게 될 뿐이다.

연휴를 보람 있게 보낼 수 있어서 우리 장병들에게 고맙다. 연일 언론에서는 안보가 불안하다고 하지만 군대가 철통같이 나라를 지켜주니 모든 국민이 안심하고 명절을 만끽했다. 병사 시절 밤 보초

나갈 때마다 고향 가족을 생각하며 위안을 삼았다. 군인이 잠까지 줄여가며 이 땅을 지켜주는 덕분에 우리가 편히 살 수 있다.

긴긴 연휴가 빨리도 지나갔다. 사실 시간은 빨리 간 적이 없다. 느리게 간 적도 없다. 늘 그대로 가고 있다. 하고팠던 일이 많았기에 시간이 부족했을 뿐이다. 군대 생활할 때 국방부 시계는 물구나무서 있어도 돌아간다고 했다. 군 복무가 지루해서 시간이 더디 간다고 느꼈기 때문이다. 영원히 오지 않을 듯했던 전역일도 지나갔고 힘들었던 젊은 나날도 흘러갔다. 보내고 나니 흘러간 시간에 대한 아쉬움이 크다.

무슨 일이든 시키는 일만 하면 지루하다. 지금 병영에서는 학점 취득, 자격증 취득, 취미활동, 몸짱 만들기 등 할 수 있는 일이 많다. 미래를 준비하는 병사여, 시간이 더디 가는가?

나는 어떤 아들인가?

"더 이상 착한 아들로 살지 않겠다."

어느 날 아들이 폭탄선언을 했다. 큰 말썽 부리지 않고 말 잘 듣던 아들이 갑자기 던진 말로 혼란스러웠다. 참 착한 아들이었다. 아들을 버르장머리 없이 키우기 싫었다. 어딜 가도 예의를 잘 지켜주길 당부했다. 아들은 동네에서 인사성 바른 아이가 되었고 부모 뜻에 따르려고 노력했다. 평소 가족 간에 대화할 기회도 많았고 아들과도 좋은 관계를 유지했다.

나는 좋은 아빠인줄 알았다. 아들은 내 뜻을 거스르지 않으려 하다 보니 자신의 생각을 제한하게 되었다고 했다. 그런 일이 반복되면서 "우리 아들 참 착하다."라는 말이 족쇄처럼 느껴졌다고 했다. 내가 아들을 제한하고 위축시킨 아빠라는 사실을 인정하기 어려웠다. 그간 마음고생한 아들을 생각하니 마음이 아팠다. 그날 피차 눈물을 흘리며 많은 얘기를 했다.

부모의 배려가 지나친 경우가 많다. 자녀 학점문제로 교수에게 연락을 하거나 자녀 직장 일로 상사에게 따지는 부모가 있다. 자녀가 혼인한 후에도 과도한 간섭으로 젊은 부부가 괴로움을 당하거나 가정이 깨지기도 한다. 예전과 달리 자녀를 적게 낳다 보니 나타나는 현상이다. 국어사전에는 "다 자라서 자기 일에 책임을 질 수 있는 사람"을 어른이라고 한다. 성인이 된 자녀가 스스로 책임지는 '어른'이 되지 못한다.

지인 아들이 현직 판사다. 일류대를 졸업한 모범생으로 집안 자랑인 아들이다. 언젠가 그 아들이 전화를 했다. 엄마가 마련해 준 소개팅에 나가려는데 상사가 저녁식사를 하자고 했단다. 소개팅에 가자니 상사 눈치가 보이고, 소개팅을 취소하자니 엄마에게 호된 야단을 맞게 될 상황이었다. 그 아빠에게 어찌하면 좋겠냐고 물었고 그는 "그런 걸 왜 나에게 묻느냐?"며 역정을 냈다. 돌아온 대답은 "엄마가 연락이 되지 않아서요."였다. 법정에서 한 사람 인생을 결정짓는 판사가 사소한 저녁 약속조차 결정하지 못하는 상황이었다.

미국 청소년은 고교 졸업식을 손꼽아 기다린다. 졸업하면 부모 곁을 떠날 수 있기 때문이다. 다른 도시로 가서 부모 간섭과 통제를 벗어나 자신만의 세계를 만드는 첫 걸음을 시작한다. 경제 자립을 위한 노력도 병행한다. 부모 도움 없이 적지 않은 시행착오도 해 가며 건전한 사회인으로 살아갈 지식과 경험을 쌓는다.

한국 젊은 남성은 군대를 가면서 집을 떠난다. 군대는 부모를 떠나 오롯이 자신 힘으로 겪어내야 하는 삶이다. 사회에서 만날 수 없었던 다양한 사람을 만나고, 이전에 겪어보지 못했던 새로운 경험을 한다. 익숙하지 않은 삶이기에 시행착오도 수없이 하고 고달프기 그지없다. 부모님 사랑도 진하게 깨닫는다. 그런 과정을 잘 견뎌내면 진짜 '어른'이 된다. 모든 예비역이 군 생활을 그리워하는 이유다.

예수는 위대한 지도자가 되기 전에 부모 곁을 떠나 광야로 갔다. 석가도 안정된 삶을 박차고 출가한 후에 높은 경지에 다다랐다. 우리 병사들도 군대생활이라는 새로운 경험을 통해 자기 삶을 스스로 이끌어가는 기회로 삼으면 좋겠다.

그대는 말 잘 듣는 착한 아들인가, 제 주장을 펼치는 당당한 '어른'인 아들인가?

지진과 수능

2017년 11월 16일이 수학능력시험일이었다. 역대 두 번째 큰 규모인 포항 지진으로 수능이 일주일 연기되었다. 시험을 불과 몇 시간 앞두고 연기 결정이 나면서 수험생 59만 명이 엄청난 스트레스를 받았다.

"아이들이 울면서 전화해요." 학원을 경영하는 지인이 갑작스레 닥친 상황에 당황해하며 남긴 말이다. 정부가 내린 연기 결정이 커다란 혼란을 일으켰다며 원색적으로 비난하는 사람이 있다. 여진이 계속되는 상황에서 안전을 위해 최선을 다한 결정이라고 보는 사람도 있다. 어떤 판단이 맞을까?

의사결정 패러다임이 변하고 있다. 예전에는 다수와 효율을 중요시했다면 점점 더 소수와 인권을 중요하게 생각하는 방향으로 옮겨간다. 불과 4,300명인 경북·포항지역 수험생 안전을 위해서 59만 명이 불편을 겪어야 하느냐고 항변할 수도 있다. 만약 자기 자신이 지진 난 지역에 살고 있어도 그런 주장을 하겠는가? 성경에 나온 백 마리 양을 치는 목자가 잃어버린 한 마리를 찾기 위해 최선을 다한 이야기는 어쩌면 미련하게 보인다. 영화 "라이언 일병 구하기"는 이미 세 아들이 전사한 어머니를 위해 막내 라이언 일병을 구하려고 구출팀 8명이 목숨을 거는 이야기이다. 한 사회가 가치를 어디에 두느냐 하는 문제는 그 사회의 성숙도에 달렸다.

어린 수험생은 '눈물'로 어려움을 표현하였다. 사람은 예상하지 못한 일이 생겼을 때 두려워한다. 인류는 그 두려움을 넘어서 빛나는 문화를 만들어왔다. 특히 신기술이 나타날 때마다 사람들이 상상하지 못했던 상황이 발생해서 어려워했지만 결국은 극복했다. 이를 산업혁명이라고 부른다.

4차 산업혁명의 핵심인 인공지능이 특정분야에서는 사람에게 두려움을 줄 만큼 인간보다 월등한 능력을 보여준다. 알파고가 바둑에서 최강자 커제를 물리치고 은퇴했다. 영화에서는 인공지능이 사람처럼 생각하고 판단하며 심지어 사람을 지배하는 모습을 보여준다. 많은 일자리가 없어진다고 한다. 무엇을 해야 할지 막막하다.

인간은 기계를 만들어왔고 기계는 사람보다 능력이 뛰어나다. 아무리 빠른 달리기 선수도 자동차보다 빠를 수 없다. 암산능력이 출중해도 컴퓨터 연산속도를 이길 수 없다. 오히려 제한된 조건하에서 인간이 기계를 이기는 이야기가 뉴스거리가 된다. 인간과 기계의 차이는 결함이 생겼을 때 나타난다. 인간에게는 결함이 진화를 위한 동기부여가 되지만 기계인 인공지능에겐 고장 원인이 된다. 사람은 예상하지 못한 일이 발생할 때 힘들어하지만 창의력을 발휘해서 새로운 길을 찾아간다. 기계는 버그가 발생하면 스스로 문제를 해결하지 못한다. 결국 인간은 인공지능에 지배당하지 않고 기계를 잘 사용할 지혜를 찾아내고야 만다.

군대에서는 젊은 병사에게 예상하지 못한 상황이 자주 발생한다. 어려움은 사실 지나고 보면 견딜 만한 경우가 대부분이다. 우리 병사도 과거 힘들었던 일을 처리했던 경험을 통해 새롭게 발생하는 어려움을 담담하게 바라보면 좋겠다. 그런 자세면 당장 전투가 벌어진다 해도 흔들림 없이 당당하게 자기 역할을 할 수 있다.

그날 수능을 본 학생들이 지진을 통해 더 성숙해졌으리라 믿는다.

가장 중요한 사람은 누군가?

어느 날 아름다운 노래를 부르는 입이 자기 자랑을 했다. 공기를 마시는 오뚝한 코와 뭐든 볼 수 있는 눈도 따라서 자기 자랑을 했다. 그때 똥꼬가 방귀를 뀌자 모두 더러운 똥꼬가 없어지면 좋겠다고 했다.

맛있는 음식이 나왔다. 코와 눈으로 음식을 확인하며 입이 바쁘게 먹어댔다. 문제가 생겼다. 소화된 음식이 빠져나가지 못하니 배는 부풀어 오고 코에서는 콧물이 나오고 눈은 충혈되고 입에서는 역한 냄새와 함께 침이 흘러내렸다. 그제야 똥꼬를 찾았다. 똥꼬가 돌아오고서야 모두 행복해졌다. 어린 시절 읽어보았을 '입이 똥꼬에게'라는 동화에 나오는 이야기다.

가장 중요한 신체 부위가 어디일까? 뇌가 제일 중요하다고 생각할 수 있고, 심장이 가장 중요하다고 말할 수 있다. 입이, 코가, 눈이 중요한 이유가 있다. 하지만 발가락 끝에 가시라도 박히면 온 신경이 발가락 끝에 집중된다. 병균이 침입해 몸의 면역체계에 손상을 주지 않도록 피가 몰리고 백혈구와 병균 사이에 치열한 전투가 벌어진다.

가정에서 가장 중요한 사람은 누굴까? 돈 벌어 오는 아빠, 의식주를 돌보는 엄마, 함께 놀아주는 형제, 용돈 듬뿍 주시는 할아버지·할머니. 모두 중요하다. 그중 누구라도 아프면 온 가족이 그 사람을 중심으로 움직인다. 개인이 누려야 할 일정을 양보하고 조정해서 그 한 사람이 회복할 수 있도록 힘써 돕는다.

군대에서 가장 중요한 사람은 누굴까? 2등을 허용하지 않는 전쟁에서 승리를 위해 강인한 전투능력을 확보한 특급전사가 중요하다. 기능별 참모부서 간부와 병사는 자신들이 가장 중요한 일을 하는 사람이라는 자부심이 있다. 단연코 전 부대원의 생사를 가르는 결정을 해야 하는 지휘관이라 생각할 수도 있다.

'선착순!' 군대 생활을 한 이들에겐 귀에 못 박힌 단어다. 선착순에 들지 못한 병사는 상응한 대가를 치른다. 그런 일이 반복되면 문제 병사로 낙인찍힐 수 있다. 문제는 약한 병사를 열등하게 취급하는 행위다. 아무리 강한 사람들을 모아 놓아도 그 안에 상대적으로 약한 사람이 있다. 정말 중요한 일은 그런 약함을 품어 함께 팀워크를 만들어내는 일이다.

한국군은 세계 10위 안에 드는 막강한 군대다. 강하지 못해서 문

제가 아니라 약함을 품지 못해서 사고가 발생한다. 왕따 병사가 자해하거나 동료에게 큰 해를 끼친 일이 종종 있었다. 최고 지휘관까지 책임을 지기도 한다.

인체 장기는 서로 연결돼 순환할 때 건강한 삶을 유지할 수 있다. 사람 사이도 긴밀하게 연계돼 보살필 때 행복한 관계를 만들고 강한 조직을 만들어간다.

"가장 중요한 시간은 단지 현재뿐이고 가장 중요한 사람은 함께 있는 사람이다. 가장 중요한 일은 지금 당신과 함께 있는 사람에게 선행을 베푸는 일이다." 톨스토이가 『세 가지 질문』이란 단편에 쓴 내용이다. 현재라는 시간만이 모든 것을 지배하고 가용하며, 지금 함께 있는 사람 외에 다른 사람과는 어떤 일도 함께할 수 없기 때문이다. 그에게 베푼 선행은 되돌아온다.

사랑하는 병사여, 그대에게 지금 이 순간 제일 중요한 사람은 누구인가?

겨울밤과 초병

42년 전 1977년 겨울, 추운 철원에서 매일 밤 초병근무를 나갔다. 동상에 걸릴까 봐 2시간을 쪼개서 1시간씩 두 번 나갔다. 겹겹이 옷을 입고 벗느라 잠을 제대로 잘 수 없었다. 잠이 부족하다 보니 졸며 걷던 중 언덕 아래로 구른 적도 있다.

맥아더 장군이 "작전에 실패한 지휘관은 용서해도 경계에 실패한 지휘관은 용서하지 않는다."고 했다. 그만큼 초병근무가 중요하다. 그렇다 해도 보이지 않는 적을 막기 위해서 경계지역을 살피는 일은 단조롭고 괴로운 일 중 하나였다. 고통스런 임무를 견뎌낸 힘은 가족이다. 고향 하늘을 바라보며 부모님과 형제, 짝사랑하던 소녀를 지킬 수 있다고 믿고 버텼다.

2017년 11월 정부는 4차 산업혁명 대응 계획 초안을 내놨다. 지능형 경계감시시스템을 개발해 군사중요지역 등의 경계근무 무인화를 단계적으로 확산한다고 한다. 0%의 경계 무인화율을 2025년

25%까지 끌어올린다는 목표다. 어둠 속에서 사람 눈보다 정확하게 식별하는 경계시스템은 분명 병사가 맡았던 고된 일을 줄여 주리라. 그렇다 해도 하루 24시간 국민 안전을 지키는 군 임무는 변하지 않는다.

군에서 보내는 시간을 무의미하게 느끼는 병사들이 아직도 있다. 자기가 하고 싶은 일을 일단 멈추고 엄중한 규율 아래 조직생활을 해야 하기 때문이다. 한창 뭔가를 채워야 할 젊은 나이에 자기가 원하는 일과 상관없는 일로 오랜 기간 복무하고 나오면 다른 동기보다 뒤처지리란 걱정도 할 수 있다.

겨울이 오면 수도스님들은 바깥세상과 단절된 공간으로 들어가 동안거冬安居 3개월 동안 혼자만의 시간을 갖는다. 천주교 수사도 적극적인 포교와 교육 대신에 기도와 수행을 통해 온 우주와 칠흑 같은 어둠, 그리고 고독과 싸우며 새벽을 열기 위해 밤을 지새운다. 보통 사람 눈에는 매우 비생산적인 시간을 보내는 사람들이다. 역설적으로 그런 비생산적인 노력이 있어서 생산적인 부분이 건강하게 유지된다.

젊은 병사에겐 군 복무가 정말 자신에게 유익한지 판단이 잘 서지 않을 게다. "피할 수 없으면, 즐겨라!"라고 하는 아주 평범하지만 비범한 격언을 되새겨 보기 바란다. 비교, 불안, 뒤처짐에 대한 두려움은 실제로 존재하지 않는다. 자신이 만든 허상이다. 비생산적인 듯한 군 복무가 자신이 성장할 수 있는 기회가 될 수 있다. 나는 40년이 지난 지금 돌아볼 때 군 복무 3년이 충분히 가치 있던 시간이라고 말할 수 있다.

2017년 12월로서 열두 번에 걸친 병영칼럼 연재가 끝났다. 우리 모든 병사가 무엇보다 자기 '마음'을 든든하게 지켜주길 바라는 심정으로 매번 썼다. 내 마음을 나도 모르고 지키지 못할 때가 많다. 안계복 시인은 〈마음〉에서 이렇게 마음을 지키라고 했다.

비굴하지 말라, 잠시 형편이 나빠진 것뿐이다.
교만하지 말라, 잠시 형편이 좋아진 것뿐이다.
중요한 건
당당한 마음이다,
담담한 마음이다,
중심이 선 마음이다.

이 추운 겨울밤 뜬눈으로 나라를 지키는 그대가 있기에 우리 국민의 삶이 편안하다. 지난 반년동안 내 글을 읽어주어 고맙다. 중심이 선 마음으로 복된 새해를 맞으시길 기원한다.

04

디지털 시대와 병사

병사와 스마트폰

• • •

우리나라에서 가장 존경받는 존재가 누구일까? 답은 스마트폰이다. 하루 평균 2시간이 넘게 스마트폰 앞에 공손히 머리를 숙이고 시간을 보낸다. 청소년은 5시간이 넘는다. 사실 선진국 후진국을 가리지 않고 전 세계가 스마트폰에 빠져있다. 런던 국제회의에서 만난 학자, 이란에서 만난 히잡 쓴 여대생, 두바이에서 본 신혼부부, 카메룬에서 만난 공무원 어느 누구도 스마트폰을 손에서 놓지 않았다.

스마트폰이 다양한 기능을 수행하기 때문이다. 전화와 녹음기를 넘어서 인터넷과 연결이 되면서 전 세계와 실시간 소통이 가능해졌다. 게임기이고 동영상 기능까지 갖춘 카메라이며 훌륭한 이동형 컴퓨터다. 인공지능과 증강현실까지 구현되고 있어서 더욱 중독성이 강해지리라 본다.

1977년 4월 7일 왕십리역에서 내가 탄 입영열차 안 분위기는 매우 무거웠다. 특히 애인을 남겨두고 떠나는 병사는 정말 안쓰러워 보였다. 얼마 전까지도 모든 병사가 하루 5시간 이상 눈 맞추고 살았던 스마트폰을 남기고 입대한다. 그 허전함은 애인과 헤어지는 기분 이상이 아닐지 모르겠다. 스마트폰에 중독되면 내성과 금단 증상이 생긴다. '내성 현상'은 스마트폰을 점점 많이 사용하게 되어 나중엔 더 오래 사용해도 만족감이 없는 상태다. '금단 증상'은 스마트폰을 과다하게 사용하여 스마트폰이 없으면 불안하고 초조함을 느끼는 현상이다.

스마트폰 중독은 사회문제가 되었다. 과다하게 사용하기 때문에 가정, 학교, 직장에서 일상생활 장애를 겪는 사람이 많다. 직접 만나서 관계를 맺기보다는 스마트폰을 통해 가상세계에서 관계를 맺는 것이 편한 상태가 된다. 오랜만에 만난 친구를 앞에 두고도 각자 스마트폰으로 문자를 주고받는 모습이 흔하다. 어두운 밤 스마트폰만 보면 블루라이트가 망막에 손상을 주어 실명할 가능성도 있다고 한다. 장시간 내려다보고 손가락을 계속 사용하여 목이 늘어지는 거북목 증후군이나 손목터널 증후군이 생기기도 한다.

스마트폰을 항상 손안에 들고 다니니까 더욱 빠져든다. 종이 한 장으로 살짝 가려두는 것만으로도 불필요한 습관적 사용을 줄일 수 있다. 사용 빈도가 줄면 증상이 완화된다. 2년 동안 스마트폰과 떨어져 지내야 하는 우리 병사들은 스마트폰 과의존 증상이 저절로 치유될 수 있다(한국정보화진흥원은 '중독' 대신 '과의존'을 사용토록 권한다.). 약물 중독자가 격리시설에 들어가서 건강을 회복하는 현상과 비슷하다. 하지만 모든 중독은 마음의 문제다. 내 중심이 잡히지 않으면 다시 의존하게 되어 정상적인 생활이 어려워질 가능성이 높다.

2019년 4월 1일부터 군 당국이 전부대 '병사 일과 후 휴대전화 사용'을 시범 허용하였다. 국방개혁에 따른 군내 불합리한 관행 개선

차원이다. 병사가 입대할 때 휴대전화를 가져가 일정한 장소에 보관했다가, 일과 후 적절한 통제 아래 사용할 수 있다. 군사보안을 지켜야 한다는 입장과 병사 기본권을 보장해야 한다는 입장이 엇갈린다. "휴대전화를 들고 있게 되면 훈련에 집중도 안 되고, 군 보안에도 많이 안 좋다."는 의견에 일리가 있다. "휴대전화를 통해 군내 보안이 유출되는 사고를 막도록 일부 보안 조치를 취하면 일과 후 사용에는 문제가 없다."는 말도 맞다.

청소년 스마트폰 과의존 위험 비율이 30%(한국정보화진흥원 2015년 자료)를 넘어섰다. '과의존'이면 전문 상담을 하거나 집중치료를 해야 한다. 그렇다고 학생들 휴대전화 사용을 금지할 수는 없는 노릇이다. 인권 침해와 자율성 증진 측면에서도 좋지 않다. 여러 중고등학교가 휴대전화 관리규칙을 만들어 수업시간에는 보관함에 두도록 관리한다. 규칙을 어길 때는 흡연 수준으로 벌점을 부과한다고 한다. 적절한 규율하에서 지혜롭게 사용하는 방법을 찾는 노력으로 보인다.

걸프전에서 체인음식점 맥도날드가 승리에 기여했다는 말이 있었다. 걸프전은 1990년 8월 2일부터 1991년 2월 28일까지 이라크와 다국적군 사이에 벌어진 전쟁이다. 햄버거를 파는 식당이 전투 승리에 도움을 주었다니 궁금증이 생기리라. 이 전쟁에서는 전투병이 모니터를 보면서 원격으로 무기를 조정해서 공격을 하였다. 어린 시절 맥도날드 식당에 딸린 무료 게임방에서 게임을 하며 성장한 젊은이

들이 숙련된 손기술로 임무를 효과적으로 수행하였다는 이야기다.

20년 전 1998년 '여수 반잠수정 침투 사건'이 있었다. 최초 발견 시부터 7시간 35분에 걸친 숨 막힌 긴 추격전 끝에 반잠수정을 침몰시켰다. 작전이 수행되는 동안 현장 지휘관과 작전사령부 간에 긴밀한 작전 지휘통제 통신을 해야 했다. 당시 상황에서 함장은 최상의 통화품질이 보장되었던 휴대전화를 사용하였다고 말했다.

선진국 군대에서는 병사에게 스마트폰 휴대를 허용한다. 물론 고도로 집중해야 할 훈련 시나 상황 근무 중에는 적절한 사용 규칙이 있으니 우리 군이 참고할 수 있다. 구글 CEO였던 에릭슈미트가 쓴 '새로운 디지털 시대'는 전쟁과 테러에 디지털기술이 어떻게 적용되고 판도를 바꿀지에 대한 내용이 있다. 휴대전화가 어떻게 세상을 바꾸는지 설명한다. 2025년이면 전 세계 80억 명 모두가 서로 연결되리라는 결론을 내렸다.

군에서 스마트폰을 적극적으로 활용하려는 노력이 필요하다. 개인생활은 물론 작전 측면에서도 적극적인 활용방안을 찾을 수 있다. 세계 각국이 현대전에서 첨단 정보통신 신기술을 활용하는 추세이다. 사이버지식정보방 시설 확대 문제를 해결할 수 있다. 스마트폰으로도 원격교육 수강이 가능하다. 절제 있는 활용으로 과의존하는 젊은 병사가 있다면 군대에서 증상을 완화할 수 있으면 좋겠다.

'기억력 천재' 이스라엘 에란 카츠가 5년 전 한국에 다녀갔다. "공부에 정신을 집중하다 스마트폰을 40초만 봐도 다시 공부로 몰입하기까지 20분이 걸린다."면서 "스마트폰이 똑똑해질수록 사람은 더 멍청해진다."고 했다. 스마트폰을 도구로 잘 활용하는 뚜렷한 주관과 굳건한 의지가 필요하단 얘기다. 스마트폰을 향해 머리 숙인 자세로 존경을 표하며(?) 의존할지, 스마트폰이 자기에게 봉사하게 할지는 우리 용사들 선택에 달렸다.

뜨거웠던 여름과 SNS

2018년 여름은 111년만의 더위라고 했다. 에어컨이 없이 밤을 넘기기 어려웠다. 다행히도 작년에 모든 군부대 병사 생활관과 간부 숙소에 에어컨이 설치되었다. 우리 장병 모두 무난히 폭염을 견딜 수 있었다. 기획재정부가 우선 편성하여 잘한 정책이라고 칭찬이 자자하다.

아침저녁 선선한 바람이 부니 감격해했다. 혹독한 여름을 견뎌냈기에 가을이 더 고맙다. 겨울이 되면 틀림없이 지나간 여름을 그리워할 게다. 어느 추운 겨울날 끔찍하게 더웠던 여름을 상상하며 추위를 이겨내리라. SNS(Social Networking Service; 사회관계망 서비스)로 보내온 눈과 얼음 사진을 보며 무더위를 식히기도 했으니 말이다.

SNS를 통해 점점 더 많은 사람과 관계 맺으며 살아간다. '아이러브스쿨' 서비스가 처음 나왔을 때 수십 년간 소식 없이 지내던 동기들과 연결되어 감격했었다. 요새는 카카오톡, 페이스북, 밴드, 인스타그램, 트위터 등 정말 많은 서비스가 생겼다. 글을 올리고 댓글을 달면서 소통하는 즐거움이 크다. 점점 활동이 많아지다 보면 밤중이고 새벽 할 것 없이 계속 글이 올라온다. 정치와 종교 이야기는 결론이 나기 어려워 금기시하는데도 빠지지 않는 주제다. 우리 삶 속에 깊이 들어와 있기 때문이다. 나와 생각이 다른 사람은 어디에나 꼭 있다. 가볍게 주고받다가 치열하게 진전되기 일쑤다. 당연히 열 받는다. 모든 SNS에서 탈퇴하고 싶은 마음이 들 때가 온다.

며칠 전에 초등학교 동기 카톡방에서 나왔다. 아주 어려서 만난 친구들이라 다양한 분야에서 살아왔다. 생각도 각양각색이다. 가볍게 쓴 글에도 거슬리는 반응을 주고받다 보면 열 받는다. 사실 실제로 얼굴을 맞대고 이야기하면 전혀 문제가 되지 않을 상황도 뜨거워질 수 있다. 문자 소통이 갖는 한계다. 마주 보고 이야기할 때는 말(글) 자체가 전하는 메시지는 7% 정도에 불과하다. 목소리 높낮이가 23%, 몸짓과 표정이 70% 정도다. 같은 말도 말꼬리를 올리느냐 내리느냐에 따라 의미가 달라진다.

글로 써서 생긴 오해를 글로 풀기는 정말 어렵다. 오래전 직장동료와 오해가 있었다. 직접 만나서 얘기하기 싫었다. 그냥 무시하고 지낼 사이가 아니어서 이메일을 보냈다. 몇 차례 주고받으면서 감정이 오히려 더 격해졌다. 아무리 성의껏 글을 써도 일단 감정이 고조된 상태에서는 글에서 거슬리는 표현만 찾아서 읽는다. SNS 상에서 한 동기와 정치 소견이 달라 치열하게 치고받았다. 그 동기를 찾아갔다. 차 한 잔, 술 한 잔에 언제 그랬냐 싶게 다시 친한 벗으로 돌아갔다.

국방부는 병사에게 스마트폰 휴대를 허용했다. 휴대전화를 통해 그리운 가족, 친구들과 소통할 수 있으니 참 좋다. SNS 특성상 소통이 지나치게 뜨거워진다면 자칫 화상을 입을 정도로 맘이 상할 수 있다. 군대에 메인 몸이라 쉽게 찾아가서 풀 길도 없다. 자칫하면 군생활이 더 힘들어질 수 있다.

살다보면 아주 더운 날도 있고 몹시 추운 날도 있다. 더울 때는 더위에 맞서기보다 피하는 방법도 있다. 살다보면 인간관계가 뜨거울 때도 있고 식을 때도 있다. 너무 뜨거울 땐 적절한 거리가 필요하다. 아주 식었을 땐 뜨거울 때가 그리워지는 게 인생이다. 111년만의 더위를 견뎌낸 용사들이 SNS가 가져올 유익과 위험요소를 잘 알고 지혜롭게 쓰길 바란다.

휴대전화와
디지털 시대 소통

"병사들이 저녁과 주말에는 폰게임으로 밤을 새울 것이다." 국방부가 병사의 휴대전화 전면 허용을 발표하자 어느 국회의원이 한 말이다. 2019년 4월부터 모든 부대 병사가 일과 후 휴대전화를 사용하게 되었다. 그는 이에 대해 '대한민국을 망치는 일'이라고도 했다. 군대는 어느 정도 금욕이 동반되는 상황에서 인내심도 길러지고 사회인으로 필요한 인성을 배울 수 있다고 보는 사람들이 적지 않다.

2018년 시범 기간 동안 보안문제에 대해서도 우려가 컸었다. 하지만 시범부대 병사 스스로 보안규정을 잘 지키겠다는 의지를 보였다. 디지털 시대를 살아가는 데 휴대전화는 필수품이다. 규정을 위반함으로써 자신에게 부여된 소중한 권리를 잃을 병사는 없으리라. 미군은 이미 병사들에게 휴대전화 사용을 허락했다. 스마트폰을 전투에 효과적으로 사용하는 방법까지 연구한다. 미군이 우리 군보다 보안에 취약하다고 볼 수 없다.

휴대전화는 단순한 전화기가 아니다. 디지털 시대를 살아가는 필수 수단이다. 통화는 물론이고 SNS를 통해 다양한 방식으로 소통한다. 사전과 검색 기능을 통해 궁금한 점을 찾아보고 교육 사이트를 통해 온갖 지식을 접할 수 있다. 물건을 사고팔 수 있고 통번역도 가능하다. 사이버지식정보방 PC를 사용하기 위해 줄서서 기다릴 필요가 없다. 지식에 대한 열망이 큰 젊은이들에게 군대에 왔다는 이유로 사용을 제한하는 일은 그만두어야 한다. 군대가 노예선이나 새우잡이 멍텅구리 배처럼 병사를 다뤄서는 안 된다.

문제는 군대 내 소통방법이 변해야 한다. 이전 군대는 정보 통제를 통해 하급자를 다뤘다. 정보를 많이 가진 상급자가 정보가 부족한 하급자를 이끌어가는 방식이다. 아날로그 시대에는 가능한 방법이다. 아날로그 시대는 단방향으로 수직적인 의사소통을 했다. 속도도 느리고 위계질서가 중요했다. 이제는 인터넷과 휴대전화가 보급됨에 따라 디지털 시대가 열렸다. 디지털 시대는 양방향으로 수평적인 의사소통을 한다. 속도도 빠르고 수평적 질서가 존중된다. 부대 내 휴대전화 전면 허용에 따라 디지털 시대에 맞는 리더십과 소통방법이 필요하다.

군대는 국가가 위기에 빠졌을 때 목숨을 걸고라도 나라를 지켜야 한다. 지휘관이 병사를 이끌고 사지에 나가야 할 때 아날로그 시대 방식으로 이끌어서는 곤란하다. 권위에만 의존해서는 디지털 시대에 익숙한 병사를 움직일 수 없다.

민주적 리더십 장단점에 대해 배웠던 얘기가 생각난다. 한·미 해군 함장이 민주적 리더십을 신봉하는 사람이었다. 대부분의 일을 수병들 의견을 물어서 결정하곤 했다. 어느 날 비상사태가 발생했고 함장은 사태에 대응하라는 명령을 내렸다. 그러자 수병들이 왜 그렇게 해야 하느냐를 물으며 명령을 이행하지 않는 상황이 발생했다. 함장은 결국 명령을 이행하지 않는 병사를 총살하고서야 군기를 세웠다는 이야기였다. 긴박한 상황에서 아날로그 방식으로 토의해 가며 부대를 지휘하긴 쉽지 않았을 터이다.

디지털 시대는 실시간 양방향 의사소통이 가능하다. 군 지휘통제는 신뢰와 속도가 중요하다. 휴대전화가 군 전투력에 도움이 되도록 할 지혜가 필요하다. 병사들이 군 생활을 통해 역량을 키워나가면 좋겠다. 디지털은 젊은 병사들의 무대다.

05

꿈과 함께 전진

전우와 함께 달리는 마라톤

• • •

"어떻게 해야 10km를 달릴 수 있어요?" 지난 토요일 오후 강의 때 받은 질문이다.

제14회 전우마라톤 대회가 2017년 9월 16일 토요일 오전에 열렸다. 우리 군을 사랑하는 5,000명 중 하나로 참여했다. 전형적인 초가을 파란 하늘 아래 여의도를 달리고 오후에 계획된 3시간 강의를 진행했다.

수강생 눈에는 환갑이 지난 교수가 달리고 와서 편안하게 강의하는 모습이 신기해 보였나 보다. 사실 10km는 나에게도 벅찬 거리였다. 2년 전 친구 권유로 아무런 준비 없이 10km를 도전하던 날엔 완주하지 않겠다는 다짐을 했었다. 무리한 운동으로 무릎이 망가지고 후유증으로 고생한 이야기를 많이 들었기 때문이다. 그날 완주했고 하프 마라톤을 거쳐서 1년 만에 마라톤 풀코스를 제한시간 내에 들어왔다.

타고난 몸치라고 믿어 온 내가 성공한 비결은 워크브레이크walk break 주법이다. '펭귄주법'이라고 알려진 이 주법은 '달리다, 걷다'를 일정하게 반복한다. 유명한 미국 마라토너 제프 갤러웨이가 제안한 방법이다. 달리는 도중 걷기를 반복해 근육에 젖산이 쌓여 피로도가 높아지는 현상을 완화할 수 있다. 달리다가 힘이 남는데 일부러 걷다니 이해할 수 없겠지만 힘을 비축했다가 후반에 가서 끝까지 힘차게 완주할 수 있다.

나는 10km나 하프마라톤 정도는 사전 준비 없이 완주할 수 있다. 뛰고 나서도 다음 날 정상적인 생활이 가능하다. 1년 전 풀코스 마라톤을 완주하고 나서 다음 날 아무런 후유증 없이 출근했다. 이것이 가능할 수 있었던 비결은 바로, 쉼 없이 죽을힘을 다해 뛰지 않고, 뛰는 중간 중간마다 걷는 데 있다. 프로선수가 아닌 다음에야 좋은 기록을 달성하는 일보다도 안전하고 즐겁게 완주하는 일이 더 중요하다.

인생을 달리기에 비유한다면 요즘 세상은 젊은이에게 너무 힘들다. 우선 실업률이 높다. 젖 먹던 힘을 다해 최선을 다해도 쉽게 해결되지 않는다. 나이 든 내가 이 시대 젊은이에게 쉬운 해결책을 제시할 수 없어 안타깝다. 하지만 어느 시대 어느 나라라도 젊은이에게 쉽고 만만한 세상이 있겠는가? 달리기에서 최선을 다하되 일정 주기로 걸어야만 완주할 수 있듯이 기나긴 인생길도 마찬가지다. 일정한 시점마다 쉬고 돌아봄이 중요하다.

유발 하라리는 『호모 데우스』에서 "우리가 역사를 알아야 하는 가장 큰 이유가 미래를 예측하기 위해서가 아니라, 과거에서 해방되어 다른 운명을 상상하기 위해서다."라고 말했다. 우리가 종교 경전과 책을 통해 과거 현인에게 배우고, 인생 선배에게 조언을 들을 때 내가 잘못한 점을 발견하고 반성하는 데 머물면 안 된다. 나를 구속했던 생각에서 해방되고 더 나은 삶을 찾아가야 한다. 기존 패턴에서 벗어나 자신을 힘써 돌아보는 시간을 가져야 한다.

이번 전우마라톤에는 예비역 병장인 정세균 국회의장과 예비역 중위인 서주석 국방차관이 참석해서 함께 달렸다. 2년 전만 해도 뛸 수 없다고 생각했던 예비역 병장인 나도 함께 달렸다. 젊고 잘생긴 병사들과 함께 달렸다.

이제 사랑하는 장병들은 다음 질문에 멋지게 대답할 수 있길 바란다. "어떻게 해야 인생길을 멋지게 완주할 수 있어요?"

전공이 뭐니?

2018년 봄 학기 종강을 했다. 경영학부 학생이 질문을 해왔다. "인사 분야에 관심이 많은데 기업에서 인사 쪽은 많이 뽑지 않는다고 들었습니다. 앞으로 어떻게 방향을 잡아야 할지 조언을 구합니다."

나는 80년대 초 대학을 졸업하고 금성사(현 LG전자)에 취직했다. 신입직원 오리엔테이션 때 한 직원이 강연자에게 질문했다. "제 전공이 ○○공학인데 어떤 업무를 맡아야 합니까?" 40대 젊은 상무님은 "전공을 잊어버려라!"고 답변하셨다. 자신도 화학 박사까지 했지만 컴퓨터 관련 업무를 맡아 열심히 하신다고 했다. 대학에서 열심히 배웠던 전공을 잊어버리라니 무슨 말씀인지 쉽게 이해되지 않았다.

35년간 직장생활을 했다. 학부에서 산업공학을 전공한 덕에 비교적 폭넓게 다양한 분야를 경험할 수 있었다. 반면 산업공학을 한 탓에 감히 접근하지 못한 문제도 많았다. 정확하게 말하면 전공 안에

나를 가둔 어리석음으로 인해 무수한 성장기회를 놓쳤다. 고교 졸업 후 박사까지 전공 분야에서 보낸 시간은 10년에 불과하다. 그 뒤 35년간 일을 통해 배우고 경험하면서 많은 성장 가능성이 열려져 있었다. 하지만 새로운 도전이 왔을 때 '비전공인 내가 해낼 수 있을까?'란 마음으로 위축되어 포기한 적이 적지 않다. 해보지도 않고 지레 겁먹었던 적이 많다.

앨빈 토플러는 『부의 미래』에서 '교육'의 변화 속도가 매우 늦다고 지적했다. 모든 나라 교육시스템은 현실 요구를 잘 반영하지 못한단 뜻이다. 핀란드는 수년 전부터 교육 혁명을 주도해 왔다. 지금 교육 방식은 1900년대 초반에나 유용한 형식이라고 봤다. 2020년에는 모든 공식적인 학교 과목을 제거할 계획이다. 영어, 수학, 지리,

역사에 대한 개별 수업을 진행하지 않는다. 대신 개별 사건과 현상 중심으로 가르친단다. 학생의 미래 희망과 야망에 기초해서 특정 주제를 통해 필요한 지식을 습득한다. '카페에서 일하기'에 관심 있는 학생에게 관련된 영어, 경제, 의사소통을 가르친다. '2차 세계대전'에 흥미 있는 학생은 수학, 지리, 역사를 배울 수 있게 한다. 문제 해결에 중점을 둔다.

사회에서 일어나는 문제는 '전공별'로 일어나지 않는다. 인터넷과 스마트폰 보급에 따라 초연결사회로 진전이 되면서 융합 관점에서 풀어야 할 문제가 많아졌다. 조직은 학문 전공자가 필요하다기보다는 문제를 풀 수 있는 사람을 필요로 한다. 그래서 경력자를 선호한다. 시야가 좁은 '전공자'보다 폭넓은 관점으로 해법을 제시하는 '전문가'가 필요하다. 비로소 금성사 시절 상무님 말씀을 이해하게 되었다.

내게 질문한 학생에게 관심 있는 주제와 관련된 전공을 택하라고 권하겠다. 유망해 보이는 전공을 택하기보다 관심 있는 분야의 문제를 풀다 보면 부족한 전문지식을 찾아 보충할 열정이 생긴다.

관성이 무섭다. 한 번 가던 길을 멈추거나 되돌리기란 쉽지 않다. 그에 따르는 대가가 얼마나 클지 두렵기 때문이다. 현대인의 일상은 잘못된 선택을 하여 힘들어도 차분하게 성찰하기 어렵다. 일단 그 자리에서 떠나 바라보면 보인다. 계속 가야 할지 바꿔야 할지. 계속 가더라도 어떻게 가야 할지. 생각할 시간이 꽤 필요하다. 세월이 한

참 흐른 뒤 후회해서는 늦다.

군 생활은 성장을 위한 귀한 시간이다. 멈춤을 통해 사회에서 보낸 삶을 돌아볼 수 있다. 예비역 병장인 내 아들은 전국에서 온 다양한 사람들과 얘기할 수 있었다고 했다. 평소 읽지 못하던 많은 책을 읽었고, 소홀히 했던 체력도 보충했다. 군에서 새로운 경험을 통해 자신감을 얻었다. 대학생활 2년 동안 갈피를 잡지 못하던 상황을 성찰해 보고 정돈한 뒤 전역해 복학했다.

우리 용사들도 군에서 겪는 새로운 경험을 즐기면 좋겠다. 전역 후 살아갈 날을 준비하기에 군대는 더없이 좋은 공간이다. 그대에게 "전공이 뭐냐?"고 묻는다면 '어떤 문제를 해결해 보았는지'로 답해주면 좋겠다.

연말 인터뷰
: 올해의 병사

2015년에 내 강의를 들었던 한 학생이 인터뷰하겠다고 연락이 왔다. '창업역사'라는 과목에서 성공한 명사를 면담하는 과제를 받았다고 했다. 내가 성공한 사람의 범주에 드는지 잠시 망설였다. 인터뷰할 사람을 찾는 일도 쉽지 않다고 해서 흔쾌히 인터뷰에 응했다. 미리 질문을 받았다. 질문 12개를 보내왔다. 답변을 작성하다 보니 내가 살아온 인생을 자연스레 되돌아보게 되었다.

"시련과 고난의 순간은 언제였고 어떻게 극복했나요?"

입시 실패와 승진 누락 등 당시에는 정말 견디기 어려운 순간이 있었다. 지나고 보니 시간이 약이다. 모든 사건이 좋으면 좋은 대로 나쁘면 나쁜 대로 의미가 있다. 내 실패가 나처럼 실패를 한 다른 이와 공감할 수 있는 좋은 조건이 되기도 한다. 인생에서 지우고 싶었던 기간이 있었지만 그 기간이 있었기에 인생을 폭넓게 바라볼 수 있었다. 소는 버릴 게 하나도 없다고 한다. 소를 잡으면 고기와 가죽으로 쓰고 하다못해 소똥도 비료나 연료로 쓰기도 한다. 마찬가지로

사람이 인생에서 겪는 온갖 경험이 그렇다. 성공한 경험뿐만 아니라 잘못된 일조차도 모두 쓸모 있다.

"인생에서 가장 좋았던 때는 언제였나요?"

원하던 학교에 합격했던 때, 박사학위를 받았던 때, 아이가 처음 태어났던 때, 오랫동안 준비했던 일이 성공했을 때 등 좋았던 기억이 많이 있다. 그러나 가장 좋았던 때는 '바로 지금'이다. 지금 죽어도 후회 없다는 마음으로 하루하루 고맙고 행복하게 살고 있다. 눈치 보지 않고 '자유롭게' 주체성을 가지고 능동적으로 살고 있다. 어린 시절처럼 다른 이가 한 말과 행동에 마음이 크게 휘둘리지 않으니 정말 좋다.

"20대로 다시 돌아간다면 꼭 하고 싶은 일이 있는지요?"

짝사랑만 하지 않고 꼭 제대로 연애해 보고 싶다. 또 직장생활보다는 창업을 하고 싶다. 인간관계를 돕는 사업을 하고 싶다. 페이스북이나 아이러브스쿨처럼 인터넷과 정보기술을 이용해서 사람 사이를 이어주는 사업을 하고 싶다. 돌아갈 수만 있다면 하고픈 일이 너무나 많다.

연말이 되면 기관마다 한 해를 빛낸 사람을 선정한다. 미국 시사주간지 "타임"은 그해 세계에 영향력을 가장 많이 끼친 인물이나 단체를 '올해의 인물Person of the Year'로 선정한다. 의외의 대상이 선정되기도 했다. 1982년에는 '컴퓨터'가 선정이 되기도 했고, 2006년에는 '당신you'이 선정되었다. 강남스타일 말춤이 유행했던 2012년에는 싸이가 10명 후보에 들기도 했다. 2017년에는 김정은, 트럼프, 시진핑 등이 경쟁했으나 '미투 운동'으로 성폭력을 고발한 '침묵을 깬 사람들'이란 이름의 불특정 다수 여성이 선정되었다. 올해는 어떤 인물이 선정이 될까? 선정된 인물이 인터뷰를 통해 어떤 이야기를 들려줄지 궁금하다.

한 해를 마치는 시점에서 병사들 근무 부대에서 '올해의 병사'를 뽑는다면 누굴 뽑겠는가? 자기 자신이 뽑혔다는 상상을 해보는 건 어떨까? 군 입대 직후 어리바리하던 병사가 야무진 병사로 바뀌는 모습을 보면 대단하지 않은가? 다른 이와 비교하지 말고 입대 후 변한 자신을 바라보라. '올해의 병사'인 그대에게 다음 질문을 드리니 답해보라.

- 군 생활에서 가장 힘들었던 순간은 언제였나요?
- 군 생활에서 가장 보람 있었던 순간은 언제였나요?
- 신병으로 다시 돌아간다면 꼭 하고 싶은 일이 무언가요?

"당신이 상상할 수 있다면 그것을 이룰 수 있다." 미국의 작가이자 시인인 윌리엄 아더워드가 한 말이다. '올해의 병사' 인터뷰 답변을 작성하며 연말을 맞이하기 바란다. 용사들이여, 유쾌한 상상을 하는 순간, 그대는 성공적인 인생을 향해 첫발을 내딛는 거다.

진짜 사나이의 추억과 꿈

"설날 아침, 전방 이상 없습니다."

지난 연말 연대장으로 부임한 모 대령의 문자 메시지가, 설날 아침 느슨했던 나를 깨웠다. 문득 1978년 2월 7일 군복을 입고 맞은 설날 새벽, 칼바람이 불던 강원도 철원에서 보초 설 때 남쪽 하늘을 바라보며 고향을 사무치게 그리워했던 기억이 새록새록 떠올랐다. 일병을 갓 단 당시 부모님께 썼던 편지를 다시 꺼내보니, 어설펐던 젊은 시절 내 모습이 그대로 드러난다.

최근에 병장으로 전역한 조카가 인사를 왔다. 열심히 공부해서 명문대학 건축학과에 진학했던 녀석은 입대 당시 마른 체구에 신경이 날카로웠었다. 공병대대로 배치받아 전공을 살릴 것으로 기대를 했지만, 지뢰폭파병이라는 보직을 받아서 전공과 관련이 없는 군복무를 했다. 의외로 조카는 '전투공병의 자부심'을 이야기하면서 자신이 보냈던 군대생활이 인생의 새로운 전기가 되었다고 했다. 구릿빛 얼굴에 체중도 늘어 늠름하고 여유가 생긴 진짜 사나이가 되어서 돌아왔다.

'진짜 사나이'의 열풍이 불고 있다. 시청률 1위를 고수할 정도로 전 국민의 사랑을 받는 예능프로그램이다. 남자들에겐 아련한 향수를 불러일으키고, 여자들에겐 미지의 세계를 들여다보는 재미가 있다. 나이 든 연예인도 젊은 병사들과 같은 조건으로 참여하기에 더욱 실감이 난다. 화면을 통해 비춰지지는 않지만, 실제 군대생활은 다음 휴가와 전역날짜를 손꼽아 기다릴 정도로 지루하고 고단한 일상의 연속이다.

돌이켜 보면, 나도 군대 가기 싫어했던 젊은이였다. 내 의지완 상관없이 주어지는 극한 상황을 견디기 쉽지 않았다. 철원의 강추위 속에서 매일 밤 거르지 않고 보초 섰던 일이나, 한탄강에서 북한 탱크 저지용 제방 공사에 참여하여 수개월간 야외천막에서 보냈던 일 등등 고생한 이야기는 밤새워도 끝이 없다. 이 모든 일들이 어쩌면 그리도 그립고 애틋한 추억이 되었는지, 시간이 묘약이다. 군대에서 고생했던 경험이 지금까지 직장생활의 어려움을 넘어서게 하고, 가족을 지키는 대한민국 사나이로서 살아오게 했다.

어차피 할 군 생활이라면 꿈을 위해 적극적으로 사는 게 좋겠다. 내 아들의 경우, 2009년 9월 29일 입대 당시 비만이었고 유학생활이 힘들어 자존감은 땅에 떨어져 최악의 상황이었다. 22개월간 군 생활을 통해 소위 '몸짱'이 될 정도로 매일 틈나는 대로 운동하고, 100

권이 넘는 책을 읽으면서 자신감을 회복하고 돌아왔다. 군 생활동안 자신의 꿈을 위해 살기로 작정하고 열심히 노력한 결과였다.

군가 '진짜 사나이' 가사가 가슴에 와닿는다. "사나이로 태어나서 할 일도 많다만, 너와 나 나라 지키는 영광에 살았다 … 부모형제 나를 믿고 단잠을 이룬다." 사랑하는 이를 지킬 수 있는 남자라야 '진짜 사나이'이다. 모두 즐기고 쉬는 때에도 조국의 전후방에서 밤잠을 자지 않고 이 땅을 지키는 군인들이 있어서 우리가 안전하고 행복한 시간을 가질 수 있어서 정말 고맙다.

우리 병사들이 자신의 미래를 위해 좋은 꿈을 꾸기 바란다. 그 꿈이 하루하루를 견디게 한다. 진짜 사나이들이여, 꿈을 가져라, 견뎌내라, 그리고 건승하라!

"오늘 또한 그대들 덕에 후방도 이상 없다."

올해 겨울
어떤 추억을 만들었나요?

스켈레톤 국가대표 윤성빈 선수는 이 자리에 오기까지 힘든 훈련과정을 이겨냈다

• • •

2018년 겨울은 유난히도 추웠다. 한강이 꽁꽁 얼었고 수도계량기가 동파되고 폭설로 공항이 폐쇄되기도 했다. 최근 여러 해 동안 따스한 겨울을 보내며 지구온난화를 걱정했었다. '평창동계올림픽 기간 중에 날씨가 춥지 않으면 어떻게 하나'라는 우려도 했었다. 며칠 전 CNN 뉴스를 보니 기자가 올림픽이 열리는 평창이 엄청 춥다는 소식을 전했다. 겨울이 춥다는 사실이야 당연한데 기사거리가 될 정도로 매우 추웠나 보다.

겨울이 추우니 어릴 적 기억이 떠오른다. 건축기술이 떨어지고 난방연료가 부족했던 시절이라 실내에서도 추웠다. 웃풍이 센 방에 이불 덮고 도란도란 모여 앉아서 먹던 군고구마, 교실 한가운데 난로 하나에 의지해서 옷을 두껍게 입고 수업했던 학교, 눈 온 뒤 미끄러워진 길에 연탄재 뿌리기 전 타던 미끄럼, 손등이 다 트도록 구슬치기며 자치기를 하던 골목, 밤 골목을 다니며 떡과 묵을 팔던 소년의 "찹싸~알떡, 메미~일묵" 소리 ……. 가난했고 힘들었어도 추운 겨울을 버텨내니 그 모두가 아름다운 추억이 된다. 돌이켜 보면 추억 구석구석에 가족과 친구가 함께했다.

겨울이 끝날 무렵 설날이 되면 일가친척이 모두 모이곤 했다. 어린 나는 세뱃돈 받을 생각에 몹시 기다려지는 명절이었다. 어른이

된 지금은 세뱃돈을 얼마나 주어야 하나 고민하는 명절이 되었다. 두 아이가 미혼이라 손주가 없는데 올 설에는 조카가 돌 지난 딸을 데려오니 더욱 설 분위기가 났다. 90살이 넘으신 처부모님 두 분이 모두 살아계셔서 찾아뵙고 인사를 드릴 수 있어 참 고마웠다.

명절이 되어도 온전히 즐겁게 지내지 못하는 분들이 많다. 설 연휴 집에서 영화 "1987년"을 보면서 많은 사람 희생을 통해 오늘 우리가 명절을 맘껏 누릴 수 있음을 다시 한번 되새겼다. 우리나라 근세사를 돌아보면 기적 그 자체다. 천연자원이 없는 우리가 이만큼 살게 되다니! 6.25 이후 극심한 가난을 겪은 절망 속에서도 희망을 보며 자식을 위해 희생하신 부모님, 부모님 뜻에 부응하기 위해 최선을 다해 젊은 시절을 살아낸 중장년 덕이다. '헬조선'이라며 힘들어하는 오늘날의 젊은이들이 부모 세대가 살아낸 과거역시 만만치 않았다는 사실을 이해하면 좋겠다.

사실 젊은이에게 만만한 현실은 동서고금 어느 때고 없었다. 어른이 만들어 놓은 질서를 받아들이거나 바꾸기는 쉽지 않다. 젊은이는 적지 않은 시행착오를 한다. 대개 부모는 자녀가 효율적으로 사회에 진출하기 위해선 학교성적이 중요하다고 믿는다. 우리가 살아온 과거는 성적이 중요했기 때문이다. 그런데 한국은 OECD 국가 중 10년 연속 자살률 1위라는 불명예를 안고 있다. 청소년 자살 원인 26%가 부모의 성적 압박이라고 한다.

사람의 재능을 학교 성적만으로 잴 수는 없다. 하버드대학 교육학자 하워드 가드너가 다중지능Multiple Intelligences 이론을 주장했다. 기존 IQ로는 측정할 수 없는 사람의 지능을 8가지로 재정리하였다. 사람을 IQ 하나로 줄 세우면 안 된다. 개개인이 가진 다양한 지능을 맞춤형으로 발견하여 계발해야 한단다. 가드너가 제시한 8가지 지능은 다음과 같다.

1. 언어지능 Verbal Linguistic Intelligence
2. 논리수학지능 Logical Mathematical Intelligence
3. 공간지능 Spatial Intelligence
4. 신체운동지능 Bodily Kinesthetic Intelligence
5. 음악지능 Musical Intelligence
6. 인간친화지능 Interpersonal Intelligence
7. 자기성찰지능 Intrapersonal Intelligence
8. 자연친화지능 Naturalist Intelligence

학교성적이 어떻든 이 8가지 중에서 적어도 하나의 지능을 갖는다면 충분히 훌륭한 사람이 될 수 있다. 젊은이가 자신에게 있는 지능을 발견하고 계발할 수 있다면 얼마나 좋으랴. 그렇게 되면 하기 싫은 분야 공부를 억지로 하지 않고 하고 싶은 분야 공부를 하면서 행복하게 살 수 있다. 어른과 교사와 간부의 역할은 젊은이의 잠재된 재능을 발견하는 것이다. 이번 올림픽에서 그런 사례가 있었다.

스켈레톤 윤성빈 선수는 설날 금메달을 따서 온 국민을 기쁘게 했다. 6년 전만 해도 평범했던 인문계 고교생이 가진 숨은 재능을 알아본 김영태 체육교사 덕분이다. 한 사람 인생이 바뀌었고 전 국민을 행복하게 만들었다. “요즘은 썰매 타는 게 참 재밌다.” 윤성빈 선수가 한 말이다. 압도적 1등이 되기까지 엄청나게 힘든 훈련과정을 거쳤다. 좋아하지 않았다면 그렇게까지 하진 못했을 게다.

2018년 평창 동계올림픽이 정말 재미있었다. 스피드스케이팅 500m 3연패에 도전했던 이상화 선수는 아주 인상적이었다. 부상을 딛고 다시 시도해서 혼신을 다한 후 눈물을 흘리는 모습이 감동적이었다. 금메달을 딴 고다이라 나오 선수가 다가와서 위로하며 함께 트랙을 도는 모습 또한 아름다웠다. 쇼트트랙 최민정 선수는 500m에서 실격패를 했지만 다른 이를 원망하지 않았다. 다시 1,500m에서 금메달을 따며 눈물을 흘렸다. 마지막 세 바퀴에서 보여준 기량은 모든 사람의 존경을 받을 만했다. “스포츠로 세계평화를 이룰 수 있다”던 쿠베르탱 근대 올림픽 창설자의 취지에 걸맞게 올림픽 정신을 보여주었다. 역대 최대인 92개국에서 온 2,952명의 선수가 오랫동안 준비하며 키워온 꿈을 펼쳐 보인 올림픽 경기의 멋진 모습은 오래 기억될 만하다.

올림픽 경기를 보며 꿈을 향해 달려온 이들이 보여준 열정을 확인할 수 있었다. 이번 올림픽 구호가 ‘하나 된 열정Passion Connected’이다. 여럿의 열정이 연결되어 인류사에 남을 명장면이 만들어졌다. 봄을 준비하는 겨울처럼 우리 용사들이 군에서 자신에게 어떤 재능이 있는지 발견하고 꿈을 키워가면 좋겠다.

2018년 겨울 전방은 물론 제주와 호남지방에도 엄청나게 눈이 많이 왔다. 우리 장병들이 고생 많이 했겠다. 예비역에겐 두려웠던 제설작업이 이젠 추억거리가 된다. 비록 그것이 아프고 추운 경험이었다 할지라도 그대가 즐겁게 되돌아볼 시간이 오리라 확신한다. 올겨울 자신만의 추억은 무엇인가?

지난 평창 동계올림픽은 우리에게 기쁨과 감동을 선사했다. 쇼트트랙 여자 계주 경기 장면

힘든 제설작업도 즐겁게, 공군 〈눈사람 콘테스트〉 수상작 '눈사람'

혹한의 겨울을 당당히 이겨낸 장병들에게 수고했다 전하고 싶다. 공군 〈눈사람 콘테스트〉 수상작 '기지를 지키는 장승 눈사람'

06

시대가 요구하는 군인

자이툰 부대와 한강의 기적

[2006년 12월 28일 국방일보 기고]

유엔 레바논 평화유지군 파병안과 함께 자이툰 부대의 이라크 주둔 연장 및 감축안이 지난 22일 국회를 통과했다. 우리 군의 파병사를 새롭게 쓰고 있는 자이툰 부대의 활동상을 현지에서 알아보기 위해 얼마 전 이라크에 다녀왔다.

자이툰 부대는 한국에서 9500㎞ 떨어진 머나먼 이라크 아르빌에 있다. 부대는 이라크의 평화와 안전을 지키는 한편, 재건복구사업을 돕고 있다. 2004년 2월 13일 국회본회의에서 파병동의안이 가결되고 2004년 9월 22일 첫 파병부대가 임무를 시작한 이래, 연인원 1만 5,000여 명의 우리 장병이 참여해 대민지원의 그린엔젤 작전, 자이툰 병원의 주민 치료, 기술교육센터를 통한 기술인력 양성, 학교 57개교 건립, 10개 시범마을에 새마을 운동 전파를 해 이라크 국민의 열렬한 호응을 받고 있다.

이라크의 아르빌 지역은 경제 재건의 운동이 활발하게 펼쳐지고 있다. 이 지역은 주민의 98%가 쿠르드계로 후세인 정권부터 소외된 지역이었고 이라크 전쟁으로 인해 상당한 경제적 어려움을 겪고 있었다. 그러나 새로운 민주 정부가 들어서면서 자치권을 부여받은 쿠르드계 지방정부에 의해 새로운 도약의 기회를 만들어가고 있다. 현재 이 지역에만 315여 개의 외국기업이 재건복구사업에 참여하고 있으며, 이 중 176개가 무역업, 119개가 건설업이다. 현재는 터키가 81.2%로 256개 중소업체를 보내고 있고, 이란 13개, 미국 9개, 영국 8개 등 주요국가의 참여는 시작 단계라고 할 수 있다.

자이툰 부대는 '우리는 친구'라는 구호 아래 진심 어린 마음으로 그들을 돕고 있다. 그간 많은 언론보도를 통해 소개된 바와 같이, 자이툰 부대와 한국인에 대한 이들의 태도는 매우 우호적이다. 주마간산이나마 현지방문단의 일원으로 참여해 현장의 분위기를 실제로 체험했는데 아르빌 시내 중심가를 지나던 많은 시민이 우리 방문단 일행이 탄 버스를 향해 환한 미소로 손을 흔들어주었고, 현지에서 자이툰 부대가 세워준 세비란 중학교 준공식에서 만난 주민들도 우리 방문단을 정겹게 맞아줬다.

우리는 큰 전쟁을 치르고 난 후, 아무것도 없는 잿더미에서 세계 10위권의 경제 대국으로 도약한 '한강의 기적'을 만들어낸 경험을 갖고 있다. 아르빌의 자치정부에서는 자이툰 부대의 성과를 통해 검증된 한국의 우수한 인력 및 기업이 적극적으로 재건사업에 참여할 것을 요청하고 있다고 한다. 그러나 이라크 현지 상황이 아직도 불안정하다는 판단 아래, 정부는 민간기업이 이라크 복구사업에 참여하는 것을 제한하고 있다. 내년 1월 발족 예정인 한국 주도의 지역재건팀RRT : Regional Reconstruction Team이 준비 중으로 정부 차원의 소규모 활동이 추진될 뿐이다.

이제는 민간 차원의 재건사업의 참여가 이뤄져야 할 때다. 아르빌에서는 국제공항을 건설 중이며 도로와 사회기반 시설, 주거시설과 문화시설 등 많은 재건복구사업을 준비 중이거나 시행 중이다.

정부는 그간 자이툰 부대가 쌓아온 성과를 분석해 기업에 필요한 정보를 제공하고 규제 완화 등 민간기업의 투자 환경을 적극 조성하는 한편, 기업이 당장의 이익을 넘어서 충분한 분석의 바탕 위에 장기적인 안목을 갖고 투자를 할 수 있도록 해야 할 것이다. 우수한 민간업체가 참여해 '아르빌의 기적'을 만들어감으로써 그간 자이툰 부대의 많은 장병이 흘린 땀을 헛되이 하지 않고 이어갈 수 있기를 바란다.

미군 아저씨와 한국군 언니 오빠

[2007년 01월 02일 국방일보 기고]

50대 이상 세대 어른의 어린 시절 미군 아저씨는 초콜릿과 껌을 주는 좋은 나라 사람이었다.

미군은 한국전 참전을 통해 5만 3,000명 전사자의 희생을 치르면서 우리나라를 지켜줬고, 전후 먹을 것 입을 것조차 변변치 않은 우리에게 각종 구호물자를 지급해 줘 절대적 빈곤을 벗어나게 했으며, 선진 사회제도를 도입하는 데 많은 기여를 했다.

미 공법 480조에 의해 잉여 농산물이 들어오면서, 미국에서 온 옥수수로 만든 주먹만 한 빵과 과자처럼 딱딱하게 굳어있던 분유를 먹고 크지 않은 어린이가 없을 것이다.

우리나라와 미국은 절대적인 상호 신뢰 하에 더없이 가까운 우방국으로서 상생의 역사를 만들어왔다. 미국은 우리나라의 재건을 도왔으며, 우리는 중화학공업 등 산업화를 통해 경제적 기반을 다짐으로써 많은 미국 상품을 수입하고 우리의 상품을 수출하는 등 미국과 활발한 교역을 통해 미국의 국익에도 적지 않게 기여했다. 자원 빈국인 우리나라가 전후 잿더미에서 짧은 기간에 세계 10위권의 경제대국이 된 것은, 우리 국민의 우수성과 근면함에 더해, 친구의 나라인 미국의 상당한 기여가 있었던 것을 인정해야 할 것이다. '자유민주주의와 자본주의'라는 이름의 세계에서 가장 경쟁력 있는 미국의 제도와 문화를 빨리 받아들여 소화함으로써 '한강의 기적'을 만들어 낸 것이다.

유엔 레바논 평화유지군 파병안과 함께 자이툰 부대의 이라크 주둔 연장 및 감축안이 지난 22일 국회를 통과했다. 우리 군의 파병사를 새롭게 쓰고 있는 자이툰 부대의 활동상을 현지에서 알아보기 위해 얼마 전 이라크에 다녀왔다. 이라크 아르빌에서는 자이툰 부대가 이라크의 평화와 재건을 목표로 전후 복구사업을 돕고 있다. 2004년 2월 13일 국회 본회의에서 파병동의안이 가결된 후, 2004년 9월 22일 첫 파병 이래 연인원 1만 5,000여 명의 우리 장병이 파견됐다. 자이툰 부대는 '우리는 친구'라는 구호 아래 진심 어린 마음으로 그들을 돕고 있다. 부대는 그린엔젤 작전을 통한 대민지원, 자이툰 병원에서의 주민 치료, 기술교육센터를 통한 기술인력 양성, 그리고 학교 57개 건립과 10개 시범마을에 새마을 운동 전파 등을 통해 한국적 문화와 기술을 전수해 이라크 국민이 신뢰하며 감사하고 있다.

자이툰 부대와 한국인에 대한 이라크인의 우호적인 태도는 50년대의 미군 아저씨를 연상케 한다. 주마간산이나마 자이툰 부대 방문단의 일원으로 참여해 현장의 분위기를 실제로 체험했는데, 우리 방문단 일행이 탄 버스를 향해 아르빌 시내 중심가를 지나던 많은 시민이 환한 미소로 손을 흔들어줬고, 현지 세비란 중학교 개교식에 참여해 만난 주민들도 우리 방문단을 정겹게 맞아주었다. 세비란 학교 학생들이 자이툰 부대의 언니 오빠와 함께 보여준 씨름·줄다리기·태권도 시범·올챙이 송과 아리랑·풍물놀이 등은 이라크인들에게 있어 아름다운 기억으로 남을 것이다.

더욱이 '새마을 운동'의 전수를 통해, 이라크는 용기를 내고 힘을 합해 새로운 세계를 열어가는 경험을 하게 될 것이다. 좋은 친구가 된 이라크와 우리나라는 앞으로 민간 차원으로까지 상생 협력의 관계를 만들어가야 한다.

풍부한 자원을 보유한 이라크는 속히 전쟁의 후유증을 극복할 것이다. 훗날 이라크인은, 어려움을 딛고 일어서는 과정에서 자이툰 부대 언니 오빠의 절대적인 도움이 있었던 것을 기억할 것이다. 자이툰 부대 장병이 자랑스럽다.

디트로이트 공항에서 생각해 본 현충일

[2010년 06월 07일 국방일보 기고]

2009년 6월 4일 미 자동차 산업의 메카인 디트로이트 공항에서 내 눈길을 끄는 일이 있었다. 나는 일주일간 참석했던 콘퍼런스를 마치고 집으로 돌아가는 길이었다. 비행기에 탑승한 후 비즈니스 좌석 두 개가 비었는데, 승무원이 군복 입은 젊은 군인 두 명에게 자리를 승격시켜 주겠다는 제안을 했다. 주변에 연로한 승객도 있고 체구가 지나치게 큰 승객도 있었기에 두 젊은 병사는 망설였으나, 승무원과 주변 승객들의 권유로 즐거이 자리를 옮겼다. 이 장면이 콘퍼런스에서 있던 일과 연결이 되었다. 사회자가, 통상적으로 발표자에게 선물을 주던 예산을 부상군인지원재단에 기부하기로 했다는 발표를 하였을 때, 450여 명 참가자의 우레 같은 박수가 터져 나왔다.

이는 미국인들의 미국 군대에 대한 신뢰와 존경을 보여주는 전형적인 모습이다. 미군들은 공적 행사는 물론 사적 행사에도 기꺼이 군복을 입곤 하는데, 군복에 대하여 군인들 스스로 느끼는 명예심과 시민들의 우호적 분위기를 읽을 수 있다. 미국의 어느 도시 어느 마을에 가도 해당 지역의 전몰장병을 위한 기념비가 있고, 각 급 학교에서도 전사한 졸업생의 이름을 새긴 동판을 볼 수 있다. 군인이 생명을 걸고 영토와 국민을 지켜줌으로써, 미국이 세계에서 가장 잘 사는 나라가 되었다는 국민적 공감대가 형성되어 있는 것이다. 살아있는 군인에게는 신뢰와 격려를, 전몰장병에게는 존경과 감사를 보내고 있다.

디트로이트발 비행기 안 옆 좌석에 앉아있던 머리가 희끗희끗한 미국인 안과 의사와 한국 자동차에 대한 이야기를 나누게 되었다. 그는 10년 전만 해도 한국산 자동차는 고장이 잘 나는 싸구려 차라고 생각을 했는데, 요새는 한국 차가 정말 멋지고 좋다는 이야기를 하면서, 한국 국민의 근면함과 발전상을 높이 평가한다고 하였다. 마침 당시 디트로이트에 본사를 둔 GM이 파산보호를 신청한 터여서, 묘한 느낌이 들었고, 한국의 위상이 높아진 것을 몸으로 느낄 수 있었다.

최근 천안함 사태로 말미암아 군에 대한 국민의식이 변한 것을 확연히 알 수 있다. 군사적 위기가 언제라도 발생할 수 있다는 것과 그 위기를 막아내기 위해 최전방에서 군복 입은 이들이 생명의 위협을 무릅쓰고 있다는 것을 전 국민이 새삼 깨닫는 계기가 되었다. 지구상에서 유일한 분단국가로 군사적 긴장이 가시지 않는 우리나라가 눈부신 성장을 하고, 세계 경제가 몸살을 앓는 중에도 우리 경제가 "희망"을 이야기할 수 있는 까닭이 무엇일까. 올해의 천안함 사건, 지난해의 북한 핵실험 및 중장거리 미사일 발사 등의 위기에도, 주식시장이 큰 동요를 보이지 않으며 수출이 늘고 경제가 안정적으로 성장하는 이유가 무엇일까. 어떠한 안보 위협에도 흔들리지 않는 국민의 군대가 있고, 목숨을 바쳐 외부의 도발로부터 우리나라를 지켜온 이들의 희생이 있었기 때문이 아니겠는가.

해마다 맞게 되는 6월 6일에 하루 쉬는 날 이상의 의미를 부여하지 않기도 했었다. 지난날 군대가 정치에 관여했던 불행한 역사를 넘어서, 대한민국 군대가 민주국가의 군대로 잘 성장할 수 있도록 국민의 성원이 필요하다. "나라를 위해 몸 바침은 군인의 본분이다."라고 했던 안중근 의사의 말을 새겨볼 일이다. 제55회 현충일을 앞두고 작년 디트로이트 공항에서의 기억을 떠올리며, 우리나라를 위해 목숨을 바친 순국선열(殉國先烈)과 전몰장병(戰歿將兵) 앞에 삼가 옷깃을 여민다.

강정마을의 평화와 풍요를 바라며

[2012년 03월 20일 국방일보 기고]

중국의 하이난다오와 미국의 하와이는 종종 제주도와 비교가 된다. 두 곳 모두 온화한 기후와 아름다운 풍광으로 많은 관광객이 찾는 섬이다. 또한 이 두 섬은 군사적으로도 주요한 곳으로서, 하이난다오 싼야에는 중국군 남해함대의 해군기지가 있고, 하와이 진주만에는 태평양함대의 해군기지가 있다.

이러한 군사시설은 해당지역의 경제적 풍요를 보호해 주는 단단한 껍질과 같은 역할을 하고 있다. 그러나 우리의 제주도는 해군기지 건설에 대한 찬반양론이 극렬하게 충돌하고 있다.

지난 3월 15일에 제주 강정 해군기지 건설현장에 다녀왔다. 강정마을은 여느 제주도의 마을처럼 평화롭고 한적한 곳이었다, 해군기지 건설현장 근처에 다다르니 구호가 적힌 플래카드와 시위대의 확성기 소리가 이곳이 뜨거운 현장임을 알게 했다. 기지 정문 부근을 제외한 강정마을의 시민들은 생업에 열중하고 있었고 제주의 어느 마을과도 다를 바 없어 보였다. 이 마을은 제주도에서 드물게 물이 많아 논농사가 가능한 곳이어서 소득수준도 비교적 높은 편이라고 한다.

현재 해군은 민군 복합형 관광미항 건설을 목표로 해군기지를 추진하고 있다. 안보적 가치와 함께 지역 주민의 복리를 고려한 결정이라고 생각한다. 강정마을은 서귀포와 중문이 10km 이내로 크루즈 관광객의 수용에 유리한 입지조건을 갖추고 있다. 강정마을이 연간 1,000만 명의 관광객이 찾는 아름다운 제주를 크루즈 관광객에게 소개할 수 있는 관문의 역할을 한다면 지역경제에도 큰 도움이 될 것이다.

최근 한국국방연구원의 해군기지 건설에 대한 조사에 따르면 조사대상 국민의 55.8%가 찬성, 31.3%가 반대라고 응답해 찬성 여론이 크게 높은 것으로 나타났다. 제주 해역은 우리 수출 물동량의 99.7%가 지나가는 곳이고, 우리나라의 과학기지가 설치된 이어도를 둘러싸고 타국의 관심이 충돌하는 곳이다. 따라서 이에 대한 안보적 대비가 필요하다는 점에서는 상당한 동의를 얻을 수 있을 것이다. 제주 해군기지 건설 사업은 2005년부터 시작되어 많은 논의의 수렴을 거쳐 2007년 노무현 정부에서 결정하였고, 현재까지 총 예산 9,976억 원 중 17%인 1,653억 원이 이미 집행된 국책사업이다. 이를 원점부터 다시 검토해야 한다는 주장은 누구를 위한 주장인지 모르겠다.

강정마을에 걸린 플래카드에 '돌멩이 한 개라도 건드리지 말라'는 구호가 보였지만 그것이 누구를 위한 보존인지는 알 수 없었다. '구럼비 바위'로 상징되는 환경론자들의 주장은 현장을 방문하지 않은 사람들의 감성을 자극하고 큰 관심을 불러일으켰다. 하지만, 해안선 길이 1.2km에 달하는 현장을 직접 보았을 때 여느 제주 해안과 다를 바 없었다. 구럼비 나무와 용천수가 나오는 바위는 제주 해안 전역에서 흔히 발견되는 것이라고 한다. 지난날 천성산 도롱뇽 사건을 통해 이미 환경보호 주장의 허구를 경험한 바 있지 않은가.

기지 주변에서 시위대가 유행가를 부르는 확성기 소리는 평온한 강정 마을과는 어울리지 않는 생경한 풍경이었다. 오늘의 강정마을에는 주민의 진정한 바람과 국가의 바람이 맞서고 있는 것이 아니라, 정권에 반목하는 정치세력의 시끄러운 소란만이 있을 뿐이다.

5, 10년 뒤를 생각할 때도 후회 없는 길을 가는 결단이 필요하다. 어떤 선택이 강정마을을 평화롭고 풍요롭게 할 것이며, 우리나라의 평화와 번영을 위한 길인가를 생각하여야 할 것이다. 국가의 미래를 위해, 현재 어려운 환경 속에서도 24시간 긴장을 늦추지 않고 기지 건설에 매진하고 있는 해군 당국과 기지건설 관련요원들의 수고에 큰 격려의 박수를 보낸다.

독도를 체험하자

[2013년 11월 21일 국방일보 기고]

독도만큼 우리 국민이 관심을 두는 지역이 없을 것이다. 일본이 자기네 땅이라고 억지를 부리기 때문이다. 지난달 일본은 한국어를 포함한 10개 국어로 독도 동영상을 만들었다. 또한 지난 8년간 일본 군함과 순시선은 독도와 울릉도 사이의 공해를 750여 회나 자기 집 안방처럼 들락거렸다고 한다. 일주일에 두 번꼴이다.

일본이 끊임없이 탐내는 독도는 어장으로서 가치가 크다. 독도 주변 해역은 북한 한류와 대마 난류가 교차하는 해역이어서 회유성 어족이 풍부하다. 또한 해저 300m 이하에 천연가스가 얼음처럼 고체화된 거대한 하이드레이트 층이 존재하여 경제적 가치가 매우 크다. 문화재청은 독도를 천연기념물 336호 '독도 해조海鳥류 번식지'로 지정하여 보호하고 있다.

2013년 독도의 날(10/25)이 나흘 지난 날, 합참 정책자문위원으로

서 독도에 다녀왔다. 서울에서 헬기로 두 시간을 날아갔다. 동도에는 경찰 독도경비대가 주둔하고 있고, 서도에는 김성도 씨 부부가 91년에 이주해 만 12년째 상주하고 있다. 중일 간의 분쟁지역인 센카쿠열도와는 달리, 독도는 사람이 거주하는 땅이다.

독도를 지키기 위해 많은 분들의 고귀한 희생이 있었다. 오랜 세월 동안, 가파른 돌섬의 척박한 환경에서 독도의용수비대분들 등이 얼마나 고생했을지 짐작할 수 있었다. 지금은 정보통신 강국의 위상에 맞는 정보통신 첨단장비와 시설을 갖추고 유사시 해경, 해군, 공군이 효과적으로 협력할 수 있는 환경이 만들어졌다. 그럼에도 2개월씩 교대근무로 가족과 떨어져서 근무하는 것은 쉽지 않은 일이다.

직접 가보니 얼마나 소중한 국토인지 온몸으로 느낄 수 있었다. 동도에는 500톤 급 배가 정박할 수 있는 부두가 있다. 2005년부터 관광객에게 개방된 이래 116만 명이 다녀갔다. 관광객들이 인터넷에 올린 글을 보면 하나같이 감격스러워 했고, 독도를 지켜온 분들에 대한 감사한 마음이 나타나 있다. 2012년에 이명박 대통령이 다녀가면서 독도가 대한민국의 영토라는 점을 대내외에 확실히 알렸다. 앞으로도 대통령을 비롯한 정부 고위직은 물론이고, 우리 국민 누구라도 꼭 다녀가야 할 곳이라 생각한다.

독도는 우리 국토의 막내이다. 그러나 막내라는 의미가 가치나 중요도가 작다는 의미는 아닐 것이다. 우리 배달민족이 수천 년간 살아온 한반도의 일부분인 독도는, 피가 통하는 몸의 일부와 같아, 이를 떼어놓고는 온전한 우리 국토라 할 수 없다. 포기할 수 없는 소중한 곳임에도 불구하고, 우리 국민 대부분은 독도에 대하여 아는 것이 많지 않다.

안영선 동시집 『독도야, 우리가 지켜 줄게』에 실린 동시이다.

독도에 가 봤지
섬이 몇 갠지 아니?

동도, 서도 2개지 땡

동도, 서도 외에 31개 땡

섬은 모두 91개 딩동댕

아는 만큼 보이고, 보이는 만큼 느끼며, 느끼는 만큼 구체적으로 행동할 수 있다. 독도를 관념 속에서 생각하는 것과 체험을 통해 아는 것은 독도에 관련된 일을 할 때 추진력에 큰 차이가 난다. 이 땅을 지켜야 하는 군인은 누구라도 독도를 몸으로 느끼고 체험해야 할 것이라 생각한다. 하다못해, 작년에 개관한 서울경찰청 옆의 독도체험관에라도 다녀오는 것이 좋겠다.

그날 이후
다시 찾은 연평도

[2012년 11월 20일 동아일보 기고]

2010년 11월 23일 연평도 포격사건 직후 해병대의 대응이 늦었다고 질타를 해댈 때, 한미연합사 작전참모부장이었던 존 맥도널드 장군은 이런 말을 했다. "13분 후에 다시 와서 반격한다는 게 쉬울 것 같은가? 그렇지 않다. 포탄을 맞고 많은 사람이 다친 상황에서 수십 미터를 전진해 반격한다는 건 용기 없이는 불가능하다." 이라크와 아프가니스탄에서 실제 전투를 수없이 경험했던 맥도널드 장군은 이미 성공한 작전으로 평가를 했었지만, 우리 정부는 지난달 이명박 대통령이 현장을 방문하고서야 연평도 포격 도발에 대해 재평가를 하여 '승전'으로 규정지었다. 연평부대 전투 현장을 방문해 보니 포탄이 떨어진 자리엔 빨간 깃발이 나부끼고 있었다. 특히 불타는 철모를 쓰고도 응전했던 임준영 상병이 싸우던 K9 자주포 포상에는 폭탄이 떨어져 움푹 파인 자리를 비롯해 파편으로 무수한 홈이 파인 구조물이 있어 당시의 처절했던 장면을 떠올리게 했다. 울창했던 소나무 숲은 포격으로 화재가 나서 나무가 거의 없는 민둥산으로 변했다. 벌써 2년이 흘렀지만 포격을 당했던 민가에는 당시의 절박했던 상황을 짐작할 만한 타버린 가재도구, 깨진 찻잔, 찌그러진 세숫대야 등이 매캐한 탄 냄새와 함께 남아있었다. 현장을 잘 보존해야 할 것이라 생각한다. 서정욱 하사와 문광욱 일병이 전사하고 민간인도 2명이나 사망한 끔찍한 현장을 보고도, 북한의 도발적 성향을 부정하고 무조건적인 화해협력을 주장할 수 있을지 모르겠다. 미국은 일본이 진주만 공격 때 침몰시킨 미 전함 애리조나호를 수장된 채로 둬 그때의 역사를 잊지 않고 있다. 70여 년이 지난 지금도 기름이 새어 나와 해변을 오염시키고 있지만 배를 인양하자는 환경론자의 주장도 통하지 않는다. 나치의 유대인 학살 자료를 모아둔 워싱턴의 홀로코스트 박물관에는 가스실에 들어가기 전에 벗어두었던 신발과 잘랐던 머리카락이 무더기로 쌓여있어 관람객으로 하여금 당시의 참상을 떠올리게 한다. 현장에는 말과 글이 표현하지 못하는 강한 힘이 있다.

○

위안부와 진품의 위력

[2014년 01월 24일 세계일보 기고]

미국의 수도이자 관광명소인 워싱턴 D.C.의 중심부에는 거대한 규모의 스미소니언박물관이 있다. 그중 하나인 홀로코스트Holocaust 추모박물관은 2차 대전 기간 중 나치에 희생된 유태인을 추모하기 위한 장소이며, 일제의 침략으로 수난을 받았던 우리나라 사람들이 꼭 가봐야 할 장소이다. 이 박물관은 나치가 유태인을 대상으로 얼마나 악랄하게 나쁜 짓을 했는지 각지에서 수집한 박물로써 생생하게 보여준다. 특히 가스실에서 처형당했던 사람들이 신었던 신발을 수북이 쌓아둔 신발shoes 전시와 가스실에 들어가기 전에 잘랐던 상당한 양의 모발hairs 전시는 보는 이를 전율케 만드는 힘이 있다. 그 앞에 서면 죽어간 사람들의 외침이 들리는 듯하다. 모조품이 아닌 진품이 지닌 힘을 느낄 수 있다.

미국의 버락 오바마 대통령은 지난 1월 17일 일본 정부의 "위안부 결의안"의 준수를 촉구하는 법안에 정식 서명을 했다. 2007년 7월 30일 마이크 혼다 의원의 주도로 하원을 통과한 위안부 결의안에서는 2차 대전 당시 일본군의 종군위안부 강제 동원과 관련해 일본 정부의 공식 사과를 요구하는 내용을 담고 있다. 결의안의 준수를 촉구하기 위해 미국 의회 상하원이 일사분란하게 뜻을 모은 것이다. 이에 따라 존 케리 국무장관은 일본 정부가 결의안을 준수하도록 외교적 노력을 할 것이다. 또한 미국 뉴욕주에서는 1월 24일에 '위안부 결의안 기림비' 제막식을 거행한다고 한다. 일본군에 강제로 끌려가 갖은 고생을 하고 희생을 당한 종군위안부를 기리고 기록으로 남기는 미국인들의 성숙한 국민의식은 높이 평가할 만하다.

그러나 일본은 종군위안부의 존재를 부정하고 있다. 지난주에는 일본 지방의원들이 위안부 소녀상이 있는 캘리포니아주 글렌데일시를 찾아가서, 소녀상 앞에서 일장기를 흔들며 성노예가 아닌 자발적 매춘이었다고 망발을 부리는가 하면, 소녀상이 어린이들 교육에 좋지 않으니 철거해 달라고 백악관에 10만 명이 넘는 인원이 청원을 했다. 손바닥으로 하늘을 가리는 것과 같이 참으로 어처구니가 없는 일이다.

마침 한국은 지난 1월 15일 '일본군 위안부' 기록을 유네스코 세계기록유산에 등재시키기로 했다고 한다. 일본이 먼저 일제강점기 노동자들을 징용해 착취했던 공업시설을 세계문화유산에 등재시킨다고 하였는데, 산업혁명의 유산이란 명분을 들고 나왔다. 그런데 한국인 강제 징용자들에게 행한 가혹행위와 착취 등의 기록은 포함하지 않는다고 한다. 일본은 자기들이 유리한 방향으로 지난 역사를 재구성하려는 것이다. 그래서 한국 정부가 일본이 과거에 저지른 죄상을 국제적으로 환기시키기 위해 위안부 피해자들의 기록을 세계

기록유산으로 등재시키려 하는 것이다.

이번 기회에 위안부에 관련된 '진품'을 최대한 모아야 할 것이다. 일본 정부로부터 "잘못했다."는 사과 한마디만 들어도 여한이 없겠다던 위안부 피해 할머니의 한을 풀어드리기 위해서라도 일본인들이 과거를 부인할 수 없도록 위안부 관련 물품을 다양한 방법으로 많이 수집해야 한다. 정부는 이를 위해 충분한 예산을 배정하고 국민적 관심을 불러 모을 수 있도록 노력해야 한다. 그들의 잘못을 용서할 수는 있어도 잊어서는 안 된다. 그렇다면 불행한 역사는 되풀이 될 것이기 때문이다.

홀로코스트 박물관 입구에는 "본 것에 대하여 생각해 보라Think about what you saw"란 표어가 붙어있다. 박물관을 돌고 나오면 온몸을 싸고도는 감정은 말로 표현할 수 없이 크다. 구구한 말이 아닌 생생한 증거를 제시함으로써, 나치에게는 덮고 싶은 과거를 적나라하게 드러내어 다시는 나쁜 짓을 못 하게 하는 한편, 스스로에게 경각심을 일깨우는 유태인의 사례를 깊이 참고해야 할 것이다.

EMP 방호 대책 시급하다

[2017년 10월 28일 국민일보 기고]

북한이 6차 핵실험을 한 이후 고출력전자기파 EMP Electromagnetic Pulse 위협에 대한 공포가 확산되고 있다. 핵이 지상에서 터지면 폭풍, 열복사, 방사선 등에 의한 피해를 입는다. 30㎞ 이상 고고도에서 터지면 대기권에서 핵폭풍 등 위험요소가 걸러지고 대신 강력한 EMP가 발생한다. 핵 EMP는 강력한 전자기파로 인명에는 손상을 주지 않으면서 전자기기 내부 회로를 태울 수 있다. 반경 수백㎞의 넓은 지역에 피해를 준다. 비핵 EMP탄도 매우 위험하다. 휴대하거나 차량에 실어서 운반할 수 있는 EMP탄은 핵무기 사용이라는 부담 없이 특정지역을 목표로 해서 공격할 수 있다. 네트워크로 촘촘히 연결되는 초연결시대에 사는 우리에게 EMP는 매우 큰 위협이 된다. 무엇보다 전자부품을 많이 사용하는 전력시설, 정보통신시설, 의료시설 등에 큰 영향을 줄 수 있다. 핵 EMP 위협 시나리오에 따르면 휴전선 북쪽 40㎞ 상공에서 핵이 폭발할 경우 반경 150㎞ 안에 있는 수많은 전자기기가 망가지고 주요 설비가 제대로 기능하지 못하게 된다.

북한이 EMP를 사용할 경우 엄청난 재난에 직면해야 하는 상황임에도 우리는 현재 EMP 방호대책이 거의 마련되지 않은 상태다. EMP 대책의 필요성은 공감하면서도 전력 투자 우선순위는 매우 낮다. EMP 방호 구축에 비용이 많이 들기 때문이다. 단위 면적당 비용은 일반 건축비보다 훨씬 비싸다.

EMP 방호에는 고정식과 이동식이 있다. 고정식은 보호할 장비가 있는 공간을 완벽하게 철판으로 감싸고 안으로 들어가는 전선과 통신선에 필터를 달고, 공조 통풍구에 도체 그물망을 설치해서 유해 전자기파를 차단한다. 이동식은 소규모 장비를 보호하는 차폐장치가 있다. 고정식은 동서남북, 상하 물샐틈없이 철판으로 막아야 하고 인원 출입을 위한 출입구는 동시에 열리지는 않는 이중문을 설치해야 한다. 차폐시설 안에는 장비가 발생하는 열을 식혀줄 냉각장치와 유사시 작동할 수 있도록 무중단전력공급장치가 필요하다. 장비를 관리하는 인원이 머물 수 있도록 편의시설을 갖추다 보면 매우 넓은 공간이 필요하다. 설치 후에도 정기적으로 철판 부식과 균열로 인해 방호능력이 떨어지는지 확인하기 위해 차폐물과 외부 사이에 너비 2m 넘는 검사 공간이 필요하다. 모든 장비를 EMP 방호가 가능한 차폐시설 안에 넣으면 안전할 수 있다. 하지만 이를 위해서는 상당히 넓은 공간이 필요하고 인원 출입 규모도 커져 오히려 중요한 대상에 대한 방호능력은 떨어질 수 있다. 유지보수에 대한 비용 부담도 커진다.

국가 차원에서 민관을 이끄는 EMP 방호대책이 필요하다. 전기·전자, 토목, 컴퓨터, 통신 등 관련 부서가 많고 투자가 많이 들어 쉽게 접근하지 못하는 현실이다. 위협에 대한 현실적인 판단 아래 실효성 있는 실행계획을 마련해야 한다. 완벽한 방호를 목표로 하는 대신 신속한 복구를 목표에 두고 우선순위에 의한 보호 대상 장비를 선별해 투자해야 한다. 국방부는 수년 전부터 EMP 방호계획을 세우고 단계적으로 방호시설을 구축해 가고 있다. 국방부만이라도 적정한 투자를 통해 효과적인 EMP 방호능력을 확보하고 이를 국가 차원으로 확산시키는 방법을 고려할 수 있다. EMP 공격은 언제든 발생할 수 있다. EMP 위협은 미래전 얘기가 아니다.

제2부

생각하는 전사_김종엽

꽃
꼰
가라사대

01

전사의 마음가짐

위국헌신
군인본분

단지동맹
(斷指同盟) 직후
안중근 의사의 모습

爲國獻身
軍人本分

영웅 안중근

대한의군 참모중장의 군인정신 계승한다

그가 마지막으로 남긴 여덟 글자, 위국헌신 군인본분.

글 / 김종협 한국국방연구원

단지동맹(團地同盟) 직후 안중근 의사의 모습

• • •

1907년도에 강제 해산된 대한제국군大韓帝國軍의 맥을 이은 대한의군大韓義軍의 참모중장參謀中將 겸 특파독립대장特派獨立大將, 그리고 아령지구사령관俄領地區司令官. 우리가 의사義士로 기억하고 있는 안중근安重根 의사는 분명한 계급과 직책을 가진 군인의 신분이었다. 그분께서 1910년 3월 여순 감옥에서 돌아가시기 전에 생애 마지막으로 남기신 글은 단 여덟 글자, '위국헌신 군인본분爲國獻身軍人本分'이다.

'국가를 위해 헌신함이 군인의 본분이다' 참으로 군인의 본분을 간명하고도 깊이 있게 지적한 글이 아닐 수 없다. 그렇다면 군인의 본분인 '국가를 위한 헌신'은 과연 어떠한 행위 또는 방법을 말하는지, 각자의 양심으로 판단할 것인지, 아니면 결과로써만 평가받아야 하는지, 적어도 군에 몸을 담고 있는 모든 군인이 공감할 수 있는 '판단기준'이 필요하다.

모든 사람은 각자 생각하는 가치가 있으며, 그 우선순위도 모두 다르다. 그리고 이렇게 서로 다른 가치관에 따라 행동한다. 특히 생명을 잃을 수도 있는 힘들고 어려운 임무를 앞두고 결심을 해야 하는 경우에 있어 '과연 어떠한 행동이 값진 행동인가?'에 대한 판단의 주기제主機制는 일반적 상식이나 양심보다 '내면화된 가치관'에 의존하게 된다.

그런데 이러한 가치관의 내면화는 사람마다 성장환경, 교육, 인간관계, 종교 등의 영향을 받기 때문에 아무리 대의명분이 있는 국가방위에 관한 일이라 할지라도 목적을 가지고 인위적으로 영향을 끼치기가 매우 힘든 특성이 있다. 따라서 군인이 저마다 지닌 국가관, 대적관, 사생관, 역사관, 직업관, 명예관, 종교관 등 다양한 가치관을 합하여 하나의 유기체로 보고, 힘든 결정을 내리기 위해 가치관을 꺼내 쓰는 통로에다 통일된 척도尺度, Barometer를 설치하는 개념이 필요하다. 즉 일차적으로 저마다의 가치관에 따라 판단한 결과를 그대로 받아들이지 않고, 다시 한번 군인으로서의 통일된 척도로 여과시켜 거르는 절차가 필요하다는 뜻이다.

그렇다면 이 통일된 척도는 무엇일까? 이는 두 가지로 나누어 생각할 수 있는데 그 첫째는 '합리合理의 척도'요, 두 번째가 '합목적合目的의 척도'다.

합리적이란 '도리에 맞아 적당하고, 논리적으로 필연성에 들어맞는 것'을 의미하며, '합리의 척도에 따라 판단한다는 것'은 자신이 결심한 내용이 과연 '군인으로서 도리에 맞고, 과학적이고 논리적이며, 필연적인 결과의 예측이 가능한 것인가?'를 검증해 보는 것을 말한다. 여기서 또 한 가지 고려해야 할 것은 '개인의 합리'와 '집단의 합리'는 다를 수 있으며, 때론 서로 상충 관계에 있을 수도 있다는 점이다. 예를 들어 전시에도 휴가규정이 있으며, 본인의 차례가 왔을 때 휴가를 가는 것은 개인의 차원에서는 당연하고 합리적인 것이지만, 그가 속한 분대나 소대의 차원에서는 전황에 따라 상당히 불합리한 결정일 수도 있는 것이다. 따라서 군인은 개인적 차원의 합리보다는 군대조직의 합리성을 좇는 척도를 견지해야 한다. 그러나 조직의 합리성을 추구하는 위치에 있는 지휘관이나 지휘자는 '가능한 조직의 합리성과 개인의 합리성을 일치시키는 방향으로 지휘와 정책의 방향을 세우는 것이 보다 좋은 결과를 가져올 수 있다.'는 '합리적 척도'를 지녀야 한다.

합목적이란 '목적에 맞음'을 의미하는 것으로, 여기서 목적이란 군대조직이 추구하는 궁극적인 목적인 '전쟁의 예방'과 '전쟁에서의 승리' 등을 뜻한다. 따라서 군인은 '개인적 가치관'과 '합리의 척도'에 따라 판단한 결심이라 할지라도 또다시 '합목적의 척도'를 거쳐 검증해야 한다. 이 '합목적의 척도'는 일반적으로 상부조직 지향성을 지녔다. 즉 각개병사는 분대의 목표달성에 기여하는 방향으로 행동하여야 하며, 분대는 소대의 목표달성에 기여, 소대는 중대, 다시 중대는 대대, 이런 식으로 하부조직은 상위 군조직의 목표달성에 기여함으로써 궁극적으로 '전쟁에서의 승리'라는 목표 달성에 효과적으로 힘을 집중할 수 있는 것이다. 그런데 현대전의 수행방식은 적국의 물리적 군사력 궤멸을 통한 승리 추구보다는 시스템을 마비시키는 방향으로 변하고 있다. 이는 합목적의 척도가 상부조직 지향성과 함께 적의 '중심重心 지향성'을 가져야 함을 의미한다. 예를 들어 적 수뇌부를 타격하는 소규모 특임부대의 작전 성공을 보장하기 위해 때로는 군단급 이상 대부대가 특임부대의 작전 성공에 기여하는 방향으로 작전계획을 수정할 필요가 있는 것이다. 이것이 바로 '합목적의 척도'에 있어 중심지향성이다.

군인으로서 지녀야 할 '위국헌신의 가치판단 척도' 두 가지는 서로 어떤 관계가 있을까? 우선 모든 군인은 기본적으로 전 · 평시를 막론하고 합리와 합목적 모두를 만족시킬 수 있는 판단과 결심을 추구해야 한다. 그러나 '소합리小合理'와 '대합리大合理'가 충돌할 경우에는 '대합리'를 좇아야 하며, 합리와 합목적이 충돌할 경우에는 합리적 결정을 포기하고, 합목적적인 결정을 택해야 한다.

안중근 대한의군 참모중장 겸 독립특파대장이 우리에게 남긴 유훈인 '위국헌신 군인본분'은 아무리 세월이 흘러도 변하지 않을 불변의 가치다. 군인은 이 글귀를 항상 마음에 간직하면서 사생관의 중심으로 삼아야 옳다. 그리고 '군인으로서 어떤 행동이 과연 위국헌신에 부합하는가'를 판단함에 있어서는 별도의 가치판단 척도가 필요하다. 가장 군인다운 삶을 살았던 안중근 참모중장의 유지를 잘 받드는 것은 군인의 본분이 위국헌신이라는 신념을 내면화하고, 이를 실천함에 있어 가치척도를 바로 세우고 실천하는 일이다. 그래야만 강한 전사가 될 수 있고, 강한 전사가 모여 강군이 된다.

안중근 의사의 순국 직전 마지막 유묵인 '청초당'은 당포함추모사업회 민병기 이사장이 해군에 기증해 현재 해군사관학교 박물관에 전시돼 있다. 대한민국 보물 제 569-15호로 지정된 '청초당'은 조국의 독립에 대한 희망과 염원을 의미한다.

○

전장공포,
본질을 알아야 극복할 수 있다

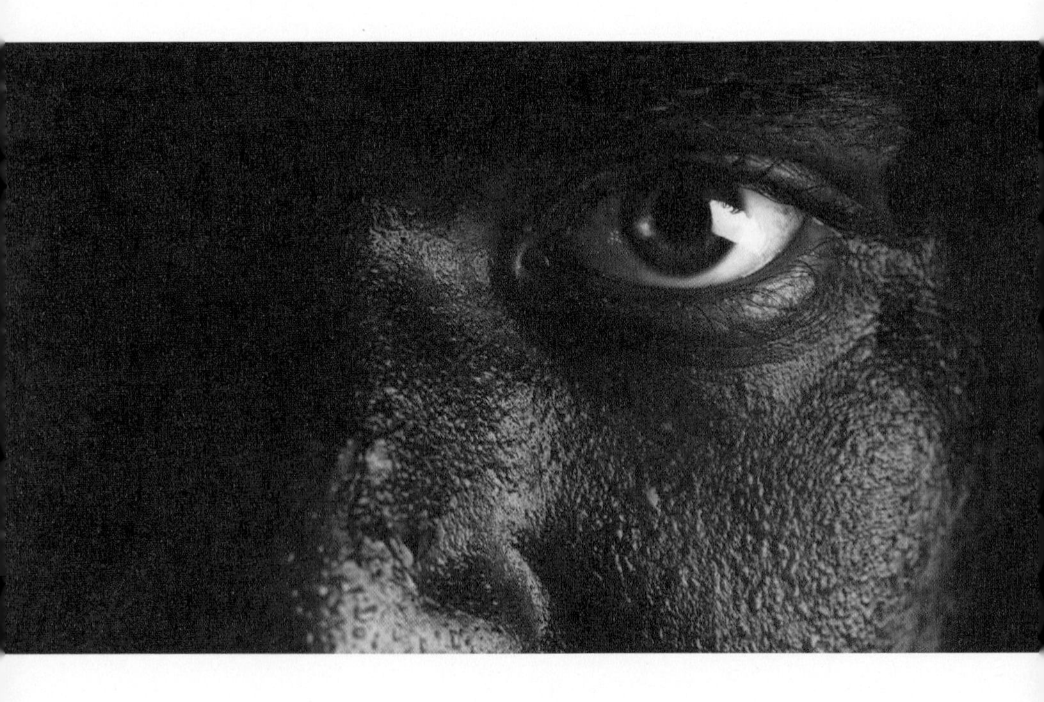

• • •

지난 2009년도에 대유행하면서 우리사회를 그야말로 공포의 도가니로 몰아넣었던 신종 인플루엔자 사태를 상기해 보자. 나도 우리 가족도 언제든지 신종 인플루엔자에 걸려 죽을 수 있다는 공포에 온 나라가 사로잡혔었다. 목숨이 경각에 달려 있는 듯한 심한 스트레스 앞에서 국민들이 할 수 있었던 것은 고작 대중시설 출입을 삼가고, 사람들이 많은 곳에선 마스크를 착용하는 것과 손을 자주 씻는 것뿐이었다.

통계청 자료에 따르면 2009년도 우리나라에서 신종 인플루엔자로 사망한 사람의 숫자는 총 140여 명이었다. 같은 해 자전거 교통사고로 목숨을 잃은 사람의 수는 총 310명이었고, 자살자는 무려 15,413명이나 됐다. 자전거를 타다가 각종 사고로 사망할 확률이 신종 인플루엔자 감염으로 인해 죽을 확률보다 2.2배, 자살 확률은 무려 110배나 높았는데도 불구하고, 그 당시 어느 누구도 자전거 사고나 본인의 자살에 대해 공포를 느낀 사람은 없었을 것이다. 왜 그럴까? 당시 우리사회 개개인이 느꼈던 공포의 본질은 무엇이었을까? 그것은 바로 '나의 의지나 선택이 반영되지 않는 위협'이다. 확률보다는 의지나 선택의 배제가 공포를 주는 주요 요인이라고 분석할 수 있다.

이는 군인에게 시사하는 바가 크다. 전염병 사태와 견주어 전쟁 시 전투상황이야말로 불확실성이 큰 영역이다. 임무는 부대나 부대원 개개인의 안전보다는 전쟁 승리에 기여해야 하는 작전목적 달성을 우선시해 부여된다. 그리고 임무를 수행하는 군인 개개인의 안전은 훈련수준과 상황판단 능력에 따라 차이가 날 수 있지만, 기본적으로 불확실한 상황과 적의 능력이 가장 큰 변수로 작용한다.

즉 전장의 군인은 본인의 의지나 선택이 반영되지 않는 위협에 그대로 노출될 수밖에 없다고 봐야 한다. 인간인 이상 생명의 위협에 기인한 공포를 느끼게 되고, 그 정도가 심하면 특정 심리현상과 생리현상을 수반하게 된다. 공황恐慌 현상이 대표적인 예다. 공포에 사로잡혀 헛것이 보이고, 정상적인 상황판단을 할 수 없을뿐더러 모든 신체기능도 현저히 떨어지게 된다. 즉, 공황에 빠진 군인은 전투력을 전혀 발휘할 수 없게 된다.

대책은 무엇일까? 기본적으로는 강한 정신력이 답이다. 군인의 정신력에 영향을 미치는 요소는 다양하다. 역사관, 국가관, 사생관, 종교적 믿음, 전우애에 이르기까지 계량적으로 측정하기 어려운 형이상학적인 신념체계가 정신력과 상관관계에 있지만, 이는 지극히 개인적이고 주관적인 영역에 속하다. 즉, 맞춤형 교육훈련이 어렵고, 이를 통해 배양하기도 쉽지 않을뿐더러 측정하기도 곤란하다.

그렇다면 일반적인 대책은 없을까? 바로 교육을 통해 공포의 본질과 전장공포로 인해 발생하는 심리적 공황증세에 대해 소상히 알려주는 것이다. 공포의 본질이 '위험 확률'보다는'나의 의지나 선택이 반영되지 않는 위협'이라는 점을 명확히 인식하고, 공황의 증세에 대해 아는 군인은 그렇지 못한 군인에 비해 전장공포에 휩싸이거나 공황증세를 겪을 확률이 현저히 떨어질 것이다. 공포는 이성과

감성이 함께 개입하는 심리현상이다. 본질과 현상을 이성적으로 판단할 수 있다면, 감정의 폭발내지는 분해를 스스로 통제하는 능력도 커질 것이다.

내일 당장 전투에 투입된다고 가정한다면 지휘관이나 지휘자의 여러 고민 중에 '부대원의 심리적 공포를 어떻게 극복하면서 임무를 완수할지'가 큰 짐처럼 자리하고 있을 것이다. 병사 스스로도 마찬가지다. '아는 것이 힘'이라는 속담이 있듯 전장공포에는 '아는 것이 약'이다.

과학적으로
끊임없이 의심하라

• • •

가끔씩 자신의 배꼽을 들여다보자. 혹시 내 배꼽이 깊어졌다고 느낀다면 배꼽이 깊어진 이유를 생각해 볼 필요가 있다. 배꼽 아래쪽은 복강막에 연결되어 있다. 때문에 위치나 깊이에 변동이 거의 없다. 따라서 복부에 지방이 끼면 배꼽 주위가 높아져 배꼽이 깊어진 것처럼 보이는 것이다. 이는 눈을 기준으로 배꼽을 보기 때문에 발생하는 오류다.

이 같은 관념적 오류의 다른 사례도 있다. 군 생활을 오래했고, 병사들과 축구하기를 좋아하는 간부 중에는 자신의 축구실력이 세월을 뛰어넘어 나날이 향상되고 있는 줄로 아는 사람들이 많다. 허나 과거부터 현재까지 입대 전 남자 고등학생들이 어떤 구기운동을 즐겨 하는지 경향을 살펴보면 축구보다는 농구 쪽에 가깝다. 입시 때문에 아예 구기운동과는 담을 쌓고 지내는 학생들도 늘어나는 추세다. 실은 본인의 실력이 세월을 뛰어넘어 향상되고 있는 것이 아니라 같이 축구를 하는 병사들의 실력이 나날이 저하되고 있을 확률이 높은 것이다.

따라서 이런 오류를 줄여 본질을 직시하기 위해서는 기준을 어떻게 정하고 어디에 두느냐가 매우 중요하다. 이는 직관보다는 과학적이고 합리적인 기준 설정이 관건이다. 전장의 군인도 마찬가지다. 상황을 판단하고 작전계획을 수립하며 전투를 지휘함에 있어 경험이 중요한 자산인 것은 틀림없지만 경험과 그로부터 나오는 직관 의

존도가 높을수록 잘못된 판단을 할 확률 역시 높아진다. 현재 이 상황에서 어떤 정보가 필요한지, 끊임없이 상급부대 및 인접부대와 소통하고, 필요하면 스스로 첩보를 수집해 분석하는 노력을 기울여야 한다. 이 같은 노력은 부대의 크기와 상관없다. 작전사령부로부터 말단 분대단위까지 마찬가지다.

전장은 여전히 불확실 영역의 비중이 높을 수밖에 없다. '적보다 먼저 보고, 빨리 결심하고, 빠르게 기동하고, 우세한 화력을 집중할 수만 있다면 전승이 보장된다'고 생각하는 지휘관이나 지휘자가 있다면 판단과 결심에 경험과 직관이 결정적 요소로 작용할 확률이 높다. 물론 그만큼 실패 확률도 높아지는 것이다. 적은 바보가 아니다. 끊임없이 아군을 기만하기 위해 노력하고 있다고 봐야 한다. '정확하게 먼저 보고, 정확하게 빨리 결심하고, 정확한 장소로 빠르게 기동하고, 정확한 표적에 우세한 화력을 집중해야 승리가 보장된다'고 생각하는 것이 과학적이다. 훌륭한 군인은 태어나는 것이 아니라, 과학적 훈련을 통해 만들어지는 것이다. 그리고 과학적 훈련을 하기 위해서는 과학적 기준 설정이 중요하고, 그렇게 정한 과학적 기준마저도 시간이 지남에 따라 변해야 한다는 것을 잊어선 안 된다. 성공적 임무수행을 위해 끊임없이 의심하고 답을 찾는 태도야말로 군인의 제일덕목이라 할 수 있다.

군인의 자존심, 자부심, 선민의식

우린 누구나 살면서 '자존심 구기는 일'만은 없기를 간절히 바란다. 그러나 살다 보면 자존심에 금이 가고, 상처를 입는 일이 일어나기 마련이다. 한국 사람은 남에게 무시당하고는 못살 정도로 자존심이 강하다. 예를 들어 '백이면 백, 자신은 공부를 못한 것이 아니라 안 한 것'이라고 주장한다. 공부를 못하는 자식을 둔 경우에도 '내 새끼는 머리는 좋은데, 공부에 취미가 없다'고 표현한다. 담임선생님이라 할지라도 자식에 대해 '성적이 나쁘다'라고 이야기하면 용인해도 '머리가 나쁘다'고 하면 불같이 화를 내곤 한다.

그렇다면 머리가 나쁜 것은 선택이 아닌 원초적인 것으로 남에게 무시당해도 싼 요인이라고 생각하는 것일까? 과연 이런 자존심의 실체는 무엇일까? 사전적 의미처럼 '남에게 굽히지 않고 스스로의 가치나 품위를 지키려는 마음'으로 충분한 설명이 가능할까? 이런 물음에 대해 정확한 답을 찾으려면 먼저 '스스로의 가치와 품위'의 근거를 찾는 것이 중요하다.

그 근거는 헌법에 있다. 헌법 조항에는 "모든 국민은 인간으로서의 존엄과 가치를 가지며 행복을 추구할 권리를 가진다. 모든 국민은 법 앞에 평등하다. 누구든지 성별·종교 또는 사회적 신분에 의하여 정치적·경제적·사회적·문화적 생활의 모든 영역에 있어서 차별을 받지 아니한다. 사회적 특수계급의 제도는 인정되지 아니하며, 어떠한 형태로도 이를 창설할 수 없다"고 명시되어 있다.

이렇듯 올바른 자존심은 헌법적 권리의식에 그 근거를 두어야 한다. 즉 '나는 존엄한 가치를 지닌 인간이며, 행복을 추구할 권리를 지니고 있고, 법 앞에 평등한 존재로 차별받지 아니할 권리를 가지고 있으며, 자유권적 기본권과 사회권적 기본권을 누릴 권리를 보장받고 있다'는 생각과 '이런 가치와 품위를 스스로 지키겠다'는 의지가 곧 자존심인 것이다.

이는 개인의 존립과 발전에 원동력이 될 뿐만 아니라, 사회의 유지·발전에 있어서도 긍정적인 기제로 작용한다. 자존심 강한 사람, 자존심 강한 군인은 분명 바람직한 현상이다. 다만 '어느 특정 능력이 남에 비해 뒤떨어지는 것을 무시해도 되고, 무시당해도 되는 요인으로 생각하는 것'은 자존심의 원천을 잘못 인식하는 데서 오는 것으로 부대 구성원 모두가 가치와 생각을 공유하고 경계해야 마땅하다.

그렇다면 자부심은 자존심과 어떻게 다를까? 이는 '자신의 가치나 능력을 믿고 당당히 여기는 마음'이다. 즉 '자존심에 대한 올바른 인식을 기반으로 스스로의 가치와 능력에 대해 자랑스럽게 여기는 마음 속 생각'이라고 할 수 있다. 따라서 자부심이 강한 사람이나 군인은 헌법적 권리의식이 강하기 때문에 함부로 남을 무시하지 않는다.

아울러 마음속에 나를 감시하는 또 다른 자아를 두게 된다. 때문에 스스로를 속이거나, 자랑스러운 스스로의 가치를 훼손하는 일을 하지 않는다. 이렇게 볼 때 자부심이 강한 군인은 전투력 상승과 군대 사회 발전에 있어 긍정적일 뿐만 아니라 바람직한 병영문화 형성에도 중요한 요소로 작용한다.

한편 선민의식選民意識은 '한 사회에서 지위가 높거나 잘사는 사람들이 그렇지 못한 사람들에 대해 가지는 우월감'으로 그 사전적 의미만으로도 부정적인 사고에 속한다. 그리고 이런 옳지 못한 사고가 우리 사회에서 뿌리내리고 확산되지 못하도록 막으려면 용어의 정의를 아는 것만으로는 부족하기 때문에 선민의식을 좀 더 분석적으로 가려서 볼 필요가 있다.

이를 위해서는 선민의식의 특징을 살펴보는 것이 순서다. 먼저 선민의식의 핵심요소인 우월감은 자존심의 바탕인 헌법적 권리의식이나 자부심의 근저를 이루는 자기가치 의식과는 매우 다른 심리상태를 반영한다. 즉 자신이 정한 기준으로 봤을 때 열성인 사람은 깔봐도 되고, 권리를 무시당해도 싸며, 반대로 우성인 자신의 권리는 보다 확대되어야 마땅하다고 생각한다.

이런 선민의식의 또 한 가지 특징은 개인의 권리차원에 머무르는 것이 아니라 집단사고로 번질 가능성이 크다는 것이다. 집단화의 조건은 주로 학연, 지연 그리고 사회적으로 어렵다고 인정되는 통과의례(예 : 명문학교 졸업, 고시 합격 등) 등이다. 이런 공통점을 지닌 사람들끼리 강한 선민의식을 공유하면 강한 유대관계를 맺을 수 있다.

또한 선민의식을 지닌 집단의 가장 문제시되는 공통점은 바로 세

상을 바라보는 시각이다. 선민의식의 존립근거는 바로 일반대중과 일반적 사회다. 따라서 자신과 자신이 속한 집단이 우월하기 위해서는 필연적으로 나머지 사람들과 일반집단이 그보다 열등해야 한다. 흔히 '온 사회가 타락·부패했고, 무식·무능하며, 정의롭지 못하며, 일반대중은 애국심이 희박하여 국가안보에 무관심하고, 특정 이념에 오염됐다'고 생각한다. 따라서 자신들이 앞장서서 바로잡아야 한다고 주장하기도 한다. 허나 여기서만 그친다면 사상의 자유라고도 할 수 있다. 정작 본심은 자신들이 우리사회를 올바로 이끌어가는 리더 집단이기 때문에 특권을 누릴 권리가 있다고 생각하고, 이를 추구하는 데 문제가 있다.

군인과 군대사회도 마찬가지다. 선민의식을 지닌 군인이나 집단이 있다면 큰 틀에서 부대의 단결심을 훼손할 것이고, 진정한 파트너십 발현과 바람직한 병영문화 형성을 방해할 것이다. 군인 누구나 자존심과 자부심을 가지고, 이를 바탕으로 바람직한 파트너십과 병영문화를 창출하기 위해서는 자존심과 자부심의 본질은 물론 선민의식을 분석적으로 보는 시각을 가질 필요가 있다.

'모든 대한민국 군인은 스스로 가치와 품위가 있고, 스스로 당당하며, 각각은 서로 도와 함께 싸울 전우다'

이런 가치관이 강군의 원천이다.

군인의 휴식

"열심히 일한 당신 떠나라"라는 모 회사의 광고 카피처럼 인간에게 있어 일과 휴식의 적절한 조화는 자아실현과 생산성 향상에 필수적이라 할 수 있다. 휴식休息의 사전적 의미는 '하던 일을 멈추고 잠깐 동안 쉼'이다.

여기서 '쉼'이란 단순히 잠을 자는 등의 생리적 휴식뿐만 아니라 취미활동을 포함한 다양한 정신적·육체적 활동 등을 포함한 것을 일컫는다. 우리가 흔히 취미라고 일컫는 이러한 휴식활동들은 대체적으로 본업(일)과 상반된 관계에 있다. 즉, 육체적인 노동을 직업으로 하는 사람에게는 음악을 감상하거나 책을 읽는 등의 정적이고 정신적인 활동이 휴식의 방법으로 효과적이며, 반면에 정신적인 노동에 종사하는 사람에게는 인라인 스케이팅과 같은 육체적인 활동이 오히려 효과적으로 쉬는 방법이 된다. 그리고 수직적 계급구조를 가진 기관이나 직장에서 일하는 사람은 개인적이거나 가정적인 휴식활동이 효과적이며, 반대로 조직에 얽매이지 않고 독립적으로 활동하는 일을 가진 사람은 오히려 단체에 소속되어 함께 즐기는 휴식활동이 필요하다.

그러나 휴식의 개념이 꼭 일의 성격과 반대되는 것만은 아니다. 인간에게 있어 자아실현의 욕구를 충족시키는 일은 휴식과도 같은 효과가 있다. 쉬는 시간에라도 자기가 좋아하는 일을 한다면, 그 일을 통해서 자신이 원했던 가치를 실현시킬 수만 있다면 누구든 행복한 기분에 빠진다. 단, 자아실현에 있어 강박관념과 지나친 성취욕은 육체적인 최면효과로 인하여 건강을 해칠 수가 있다. 그러니 자아실현에 있어서도 성취욕과 느긋한 마음이 조화와 균형을 이루어야 한다.

여느 사람과 마찬가지로 군인도 일과 휴식의 조화가 필요하다. 물론 육체적인 노동과 정신적인 노동 간의 치우침, 그리고 일의 강도는 부대 및 직책에 따라 각기 다르겠지만 한 가지 공통점은 군인들은 '사회의 어떤 직업보다도 유연성이 없는 엄격한 조직에 몸을 담고 일을 한다.'는 것이다. 직무에서 오는 스트레스의 상당 부분은 바로 이러한 조직생활에 기인한다. 따라서 군인의 휴식방법은 가급적 개인적일 때 효과적이며, 아울러 휴식의 방법이 자아실현과도 연계되어 있다면 더 없이 좋을 것이다.

그렇다고 군인의 휴식에 관해 모든 것을 개인의 영역으로 맡기고 철저히 휴무 시간만 보장해 주는 것이 능사는 아니다. 군인들의 조화로운 휴식을 보장하기 위한 지휘관과 지휘자의 역할을 한마디로 표현한다면 '여건을 보장해 주기 위한 노력'이라고 할 수 있다. 크게는 다양한 문화 콘텐츠 개발 및 유치 노력과 동호회 활동의 지원에서부터 작게는 부하 각 개인이 건전한 휴식(취미)활동에 대한 관심과 지도에 이르기까지 부하들의 휴식활동 및 자아실현 여건 보장을 위해 부단히 연구하고 부지런히 노력해야 한다.

군인들은 흔히 부하들에게 "자신처럼 업무만 열심히 하면 된다."고 이야기한다. 그러나 이러한 이야기를 할 수 있는 군인의 관념세계에는 "마치 마이클조던이 농구의 황제가 될 수 있었던 것은 그가 세상의 모든 농구선수 가운데 가장 연습을 열심히 한 선수이기 때문이다"라는 근거 없는 확신이 자리하고 있을 수도 있음을 경계해야 한다. 부하이기 이전에 자아실현 욕구가 있는 사람이며, 한 가정의 중요한 구성원이고, 충분한 휴식을 필요로 하는 육체를 지닌 생명체라는 사실을 먼저 염두에 두어야 한다. 그리고 무엇보다도 중요한 것은 '과업과 휴식의 조화와 균형은 업무의 성과를 획기적으로 향상시킬 수 있다'는 과학적 확신이다. 이러한 휴식에 대한 올바른 개념 정립은 결코 각자의 경험과 가치관에만 맡길 일이 아니다. 이는 군대 사회의 합의가 필요한 사안이며, 이 합의가 곧 문화다.

군인의 손목시계

뮤지컬을 보면 작품을 이루는 수많은 요소들이 한 치 오차도 없이 통합성Synchronization을 이룬다. 콘텐츠뿐만 아니라 무대와 조명 장치, 소품, 음악은 물론 무용과 노래가 일사불란하게 융합되어야 좋은 작품으로 평가받는다.

군 역시 작전이 성공하기 위해서는 계획으로부터 각 병과와 기능에 이르기까지 모든 요소가 통합되어야 한다. 특히 소대나 분대 같은 말단 제대에서는 작전시각의 동시성이 무엇보다 중요하다. 이동개시와 도착시각, 사격개시시각, 차장시각, 사격연신시각, 타격시각, 합류시각 등 동시성이 소부대 전투의 승패에 미치는 영향은 지대하다.

그리고 소부대에서 이런 동시성을 유지하는 데 쓰이는 도구가 손목시계다. 군인이나 군대를 다녀온 사람이라면 훈련소 교육을 통해 "작전명령에 대해 질문 없나? 그럼 시계를 맞춰라. 현재 시각 ○시 ○분, 지금"과 같은 내용을 기억한다. 그렇다면 우리 군의 지휘자나 병사들이 차고 있는 시계는 어떤가? 보급을 해 준 적이 없으니 더러는 개인이 입대할 때 차고 온 시계를 그대로 차고 있다. 많은 간부

들은 시계 대신에 휴대폰에 의존하고 있고, 시계 자체를 차지 않는 장병들도 꽤 있다. 시계를 찬 장병의 경우도 디지털 숫자가 아닌 시침과 분침이 있는 전자시계나 패션 전자시계로 초 단위 시각 세팅이 불가능한 것은 물론이고, 타이머나 스톱워치 기능이 없는 것이 많다. 야간 발광 기능도 드물고 습기, 진흙과 먼지, 충격에도 약하니 작전용 시계로는 적합성이 떨어진다.

아주 작은 부분이지만 '군대에서 시계는 생활에 편리함과 멋스러움을 더해주는 패션상품이 아니라, 곧 전투장비'라는 인식의 전환이 필요하다. 당연히 군 작전 용도에 맞는 별도의 군용시계를 제작 · 보급하든지, 아니면 군 작전용으로 적합한 제품을 지정해서라도 모든 장병이 항상 착용하도록 조치해야 한다.

이런 바람직한 문화를 촉진시키기 위해서 '표창의 부상副賞으로 주는 지휘관 시계'부터 작전에 적합한 전자시계로 바꿀 필요가 있다. 군인이 아닌 외부 인사에게 주는 선물도 마찬가지다. 일반 사회에서 패션 전자시계는 아주 흔하다. 그러나 군 작전용 전자시계를 선물로 받는다면 차별성으로 인해 선물의 만족도가 높을 것이다. 용도에 있어서도 스포츠는 물론이고 등산, 낚시 등 각종 레포츠 활동에 이르기까지 다양하니 받아서 집안에 묵혀둘 염려는 하지 않아도 된다.

군인은 만에 하나라도 '설마 전쟁이 일어나겠느냐'는 안이한 생각을 해선 안 된다. 그리고 잘못됐다고 생각한다면 주인의식을 가지고 나부터 바로 잡아야 한다. 아울러 책임지고 있는 조직도 옳게 바꿔야 한다. 작은 것이 모여 승패를 가르는 것이 전투고, 전쟁이다.

도토리거위벌레의 전략

• • •

부대 주둔지 안이나 거점, 훈련장 등지에는 참나무가 흔히 자라고 있다. 그리고 8월 초순부터 말까지 관찰력이 뛰어나거나 예민한 군인들이라면 고개를 갸우뚱하게 하는 일들이 벌어지곤 한다. 바로 참나무의 열매인 도토리가 달린 나뭇가지가 여기저기 땅바닥에 많이 떨어져 있기 때문이다.

살펴보면 잘린 가지의 절단면은 톱으로 자른 듯 아주 매끈하다. 그리고 매일 치워도 하루만 지나면 같은 현상이 반복된다. 누가 이런 일을 저지르는 걸까? 바로 한갓 벌레가 범인이다.

딱정벌레목 거위벌레과의 곤충으로 이름은 '도토리거위벌레'다. 주둥이 모양이 거위를 닮아 붙여진 이름으로 다자란 성충의 몸집이 9mm에 불과하고, 주로 참나무 위에서 흡즙하며 생활하기 때문에 해충으로 분류되어 있다. 암컷은 산란기가 되면 도토리에 주둥이로 구멍을 뚫고 산란을 한 후, 역시 주둥이로 산란한 열매가 달린 밑가지를 잘라 땅으로 떨어뜨린다.

왜 이런 습성을 보이는 것일까? 곤충학자들이 도토리거위벌레에게 직접 물어 답을 얻은 것은 아니지만, 알을 난 도토리가 있는 나뭇가지를 잘라 땅에 떨어뜨리는 행동에는 두 가지 정도의 전략이 숨어 있다고 추론하고 있다.

첫째는 알에서 부화한 유충들이 과육을 먹으면서 어느 정도 성장한 이후엔 열매 밖으로 나와 땅 속으로 들어가 월동을 해야 하기 때문에 지면과 가깝도록 나무를 잘라 밑으로 떨어뜨리는 전략을 택했다는 추론이다.

그리고 보다 개연성이 높은 추론은 도토리 거위벌레가 설익은 참나무 열매에 알을 낳는 것부터가 전략이라는 것이다. 설익은 열매는 여문 열매에 비해 떫은 맛을 내는 탄닌tannin 성분이 많아 참나무 열매를 먹이로 하는 동물들이 싫어한다. 따라서 열매 속에 알을 낳고 가지를 자르지 않는다면 그 열매는 나무 위에서 농익어 여러 동물들의 먹이가 될 가능성이 높아지게 된다. 때문에 설익은 열매 속에 알을 낳고 즉시 가지를 자르는 것이 여러 모로 번식에 유리하다는 추론이다. 그러고 보니 종합적으로 볼 때 이 모두 번식에 필요한 전략이다.

이런 습성을 아는 사람들은 흔히 "한갓 벌레 따위 미물微物이 신기한 능력을 지녔다"고 말하기도 한다. 깊이 생각해 보면 우리 인간한테는 상대를 막론하고 작고 힘이 없으면 깔보는 마음이 생겨 여타 다른 생명의 당위성과 능력을 인정하지 않으려는 습성이 있다. 허나 사람과 마찬가지로 모든 생물은 생존과 번식에 유리한 나름의 전략을 채택하고 있다.

군인 역시 군사전략(작전술, 전술)이 필요하다. 이는 전승과 부여된 목표달성에 가장 유리하다고 판단되는 방책이다. 도토리거위벌레의 전략과 다른 점은 변수가 수없이 많다는 점이다. 임무, 적, 지형 및 기상, 가용부대, 가용시간, 민간요소 등이 고정되어 있는 것이 아니라 계속 변화한다. 따라서 이러한 변수들을 끊임없이 관찰하고 정확한 정보를 산출해 계획을 수정·보완해야 적보다 유리한 전략을 유지할 수 있다.

'아는 만큼 보인다'고 한다. 빡빡한 병영의 일상을 더욱 재촉하는 이야기로 들려 식상해진 이 경구에 다음과 같은 말을 보태고 싶다. '감탄한 만큼 겸허해지고, 생각한 만큼 풍부해진다. 마음을 연 만큼 느낄 수 있고, 애틋한 만큼 존중하게 된다. 그리고 조국과 전우를 위해 흘린 눈물만큼 정의로워진다'고 말이다.

※ 우리가 흔히 도토리나무로 알고 있는 참나무는 상수리나무, 떡갈나무, 신갈나무, 굴참나무, 갈참나무, 졸참나무로 여섯 종류가 있다.

사용자 중심의 디자인

• • •

부대 안이나 훈련장, 고지와 야지에 핀 꽃을 그냥 감상만 하지 말고 꽃잎을 한번 세어보자. 거의 예외 없이 1장, 2장, 3장, 5장, 8장, 13장, 21장, 34장, 55장일 것이다. '3항 이상의 모든 숫자는 바로 앞 두 숫자의 합과 같다.' 이른바 '피보나치 수열Fibonacci sequence'이다.

자연의 모든 식물이 거의 예외 없이 '피보나치 수열'을 택한 이유는 무엇일까? 공간을 효율적으로 사용할 수 있고, 나중에 씨앗이 비바람에 잘 견딜 수 있는 등 자신의 생존에 도움이 되기도 하지만 벌이나 나비가 좋아하는 황금비율을 이뤄 번식에도 유리하기 때문이다.

번식 매개 곤충에 대한 식물의 서비스는 그뿐만이 아니다. 향기와 맛있는 꿀을 제공하고, 자외선을 잘 반사하는 방법으로 꽃잎에 안내색案內色을 만들어 벌이나 나비가 꿀샘의 위치를 쉽게 찾을 수 있도록 배려까지 한다. 이 안내색은 사람의 눈으로는 식별할 수 없고 자외선 필름으로 촬영을 해야 나타난다니 실로 놀라움을 금할 수가 없다. 이는 아마도 식물이 자신의 유전자를 퍼뜨리는 번식에 있어 매개 곤충의 절대적인 역할을 알고 철저하게 사용자 중심으로 진화를 거듭해 온 결과일 것이다.

요즘 우리 군은 혁신을 위해 많은 노력을 하고 있다. 그리고 그 맨 처음은 혁신의 주체인 장병들에게 혁신적인 마인드를 심어주는 것이다. 이를 위해 사회의 강사를 모셔와 강연을 듣기도 한다. 그러나 외부 강사에게는 한 가지 한계가 있다. 그것은 바로 그분들이 군의 특수한 업무환경을 잘 모른다는 점이다. 따라서 솔루션이 명확하지 못하고 일반적인 결론과 군무軍務 사이에 극복해야 할 강江이 흐르는 경우가 흔하다.

"고기를 먹여주는 것보다 잡는 법을 가르쳐 줘라"라는 탈무드의 명언이 있다. 바로 이 '고기 잡는 법'은 사용자와 고객에 대한 배려와 치열한 고민에서 나온다. 국방정책도 전술전기도 마찬가지다. 마치 식물의 꽃이 고객인 벌과 나비를 중심으로 진화했듯이 고객과 사용자가 누구인지를 명확하게 인식하고 문제점을 정성껏 살핀다면 틀림없이 더 좋은 대안을 발견할 수 있다.

변화와 혁신을 이끄는 창의력의 근원은 바로 '사용자 중심의 디자인 정신'이다. 군인 및 야전부대는 사용자 측에서 끊임없이 그리고 끈질기게 정확한 요구를 기해야 하고, 정책부서에서는 사용자 측의 요구를 반영하기 위해 정성어린 노력을 기울여야 한다. 이런 선순환 구조야말로 강군의 필수조건이다.

02

고정관념 극복

무기武器와 창의創意

···

영국의 전차戰車를 이야기할 때 빠지지 않는 두 가지가 있다. 하나는 세계 최초의 전차라는 것과 나머지는 독일군에 대한 고전이다. 제2차 세계대전에서 결국 영국이 승전국이 되긴 했지만, 대부분의 전역戰域에서 치른 기갑전機甲戰에서 영국군은 독일군에게 많이 당했다. 그 이유는 여러 가지가 있겠지만 전차 성능의 열세보다는 독일군의 88밀리 고사포가 주요 원인이 됐다. 그리고 대공포인 이 고사포를 최초로 대전차용으로 사용한 사람은 바로 '사막의 여우'라는 별명으로 유명한 에르빈 요한네스 롬멜Erwin Johannes E. Rommel장군이었다.

1940년 프랑스 북부 아라스Arras에서 영국·프랑스 연합 기갑부대와 롬멜의 7기갑사단 간에 벌어진 전차전에서 최초로 88밀리 고사포가 대전차용으로 등장했으며, 큰 위력을 발휘했다. 이후 88밀리 고사포는 북아프리카 전선 등지에서 영국전차를 괴롭히는 주요 무기로 맹활약을 했다. 항간에 전해지는 이야기로는 북아프리카 전역에서 영국군 전차의 약 30퍼센트가 바로 이 고사포에 맞아 파괴되었다고 한다. 당시 이 포는 높은 포구초속과 발사속도, 정밀도를 가진 훌륭한 대전차 매복무기였지만, 롬멜의 탁월한 전술적 식견이 아니었으면 전쟁 내내 대공포로만 사용되었을 것이다.

독일군은 제2차 세계대전 내내 롬멜의 이런 고사포 운용 전술을 확산시켜 전투에 적용했다. 88밀리 고사포의 대전차포 운용뿐만 아니라 Flak38 20밀리 4열 대공포도 상황에 따라 경輕장갑 차량 파괴나 보병전투 지원용으로 융통성 있게 운용했다. 영화 '라이언 일병 구하기'에도 등장하는 이 대공포는 연합군 보병에겐 늘 큰 위협이었다.

그리고 당시 유럽의 이탈리아와 프랑스 전장에는 이런 독일군을 맞아 미군보병 442연대 100대대 B중대 2소대장으로 일본계 미국인 병사들을 이끌고 참전한 김영옥 중위[1]가 있었다. 독일군의 다양한 대공포 운용을 적의 입장에서 경험했던 김영옥은 한국전쟁이 발발하자 자원하여 미 육군 7사단 31연대 1대대장으로 참전했다. 그리고 주로 중공군과 치렀던 치열한 고지전高地戰에서 대공화기를 잘 활용하여 모든 전투를 승리로 이끌었다.

그는 고지 공격에 앞서 선두에 선 병사들에게 대공포판을 등에 지게 하여 관측자가 공격하는 아군의 선두 위치를 쉽게 식별하도록 명령했다. 그리고 목표 인접 고지에 대공화기를 거치했다. 공격하는 부대원을 지원하는 포병사격의 연신延伸은 안전거리 확보 문제로 적 참호선 전방 100m 부근까지로 하고, 곧바로 대공화기가 돌격 가능거리인 30m까지 지원을 맡도록 했다. 이 같이 대공화기를 지원화기로 운용함으로써 적이 엄폐호에서 미처 참호나 교통호로 배치

---

1 한국계 전쟁영웅(1919 ~ 2005), 미 육군 예비역 대령, 2차 세계대전과 한국전 참전, 직업군인이자 사회사업가, 이탈리아 최고무공훈장, 프랑스 십자무공훈장/레종 도뇌르(Legion d' Honneur) 무공훈장, 태극무공훈장 등 수상

되기도 전에 수류탄 투척과 돌격을 감행하여 정상적인 교리에 의존한 공격보다 아군의 피해는 훨씬 줄이면서도 손쉽게 승리할 수 있었다. 훗날 그는 한국전쟁 때 써먹은 대공포 운용 전술을 제2차 세계대전 당시 적敵이었던 독일군한테서 배웠다고 증언했다.

88밀리 고사포에서 다른 가능성을 발견하고, 이를 대전차화기로 처음 사용했던 독일군 롬멜 장군과 전투경험을 통하여 독일군으로부터 대공포 운용 전술을 습득해 한국전쟁에서 고지공격에 적용했던 김영옥 대대장의 공통점은 무엇일까? 바로 탄탄한 전략전술 식견과 직무에 몰입하는 열정, 전투현장에 대한 세밀한 관찰능력 그리고 풍부한 상상력과 응용능력이다.

"전쟁에서 승리하기 위해서는 예상하거나 예상치 못한 각종 상황 변화에 따라 작전수행과 각종 수단의 운용을 적절히 할 수 있는 사고력, 그리고 풍부한 상상력을 구사할 수 있어야 한다. 적이 예상할 수 있는 평범한 행동으로는 작전의 성공을 보장하기 어렵다. 지휘관은 변화하는 상황에 따라 발생하는 기회를 활용하는 융통성이 있어야 할 뿐만 아니라 적을 기만하고, 예상하지 못한 방법으로 타격하기 위해 창의적인 지휘법과 작전 방법을 부단히 계발할 필요가 있다. 이는 전쟁 원칙의 모든 부분에 스며있다고 할 수 있다." 바로 '전쟁의 원칙' 중에 '창의創意의 원칙'이다. 북한군도 이런 원칙을 잘 알고 있다. 1975년 2월 당중앙위원회 제5기 제10차 전원회의에서 김일성이 제시한 이른바 '전투력강화 5대 방침'의 하나인 '기묘하고 영활한 전술'이 그것이며, 이는 상대가 예상하지 못하는 방법으로 타격하는 전술을 말한다.

학교기관에서 배운 전술교리와 교범에 있는 내용은 창의력을 발휘하는 데 있어 토대가 된다. 이는 꼭 군인에게만 적용되는 원칙이 아니다. 동서고금과 분야를 막론하고 대가大家로 칭송받고 있는 사람들 중에 기초가 탄탄하지 않은 사람을 찾긴 매우 힘들다. 예를 들어 20세기 미술계를 대표하는 입체파의 거장 파블로 피카소Pablo R. Picasso만 보더라도 일반인들은 다소 이해하기 어려운 그의 작품을 보면서 그가 일생을 통해 한 우물을 판 결과라고 생각한다. 그러나 뭇사람들의 이런 예상과는 달리 피카소는 다섯 살 때부터 미술공부를 하였으며, 열네 살 때에는 바르셀로나 미술학교에 입학하여 기초를 닦았고, 열여섯 살에는 마드리드 왕립미술학교에서 주로 데생과 구상미술에 전념했다. 이런 탄탄한 기초와 남다른 열정, 그리고 풍부한 상상력이 있었기에 훗날 그만의 독특한 작품세계를 그림에 담아낼 수 있었던 것이다.

종교인에게는 교리教理가 있다. 군인 역시 교리教理가 있다. 종교인의 교리는 성서聖書나 경전經典에 담겨있지만 직업군인의 교리는 교범教範 속에 있다. 종교인들은 평생 교리에 있는 그대로를 잘 지켜 살려고 노력한다. 반면 군인은 반드시 교리를 뛰어 넘어야 한다. 그러기 위해서는 먼저 교리를 잘 알아야하고 마침내 자기 것으로 잘 소화된 교리를 전장상황에 창의적으로 적용시킬 수 있어야 한다. 이는 군인이 지켜야 할 본분이자 업의 본질이다.

'정의는 반드시 승리한다'는 신념이지 과학이 아니다. '적보다 강한 자가 이긴다'가 과학이다. 그리고 이 강함의 의미는 단순한 물리적 힘이 아니다. 적이 예상하지 못하는 시간과 약점에 예상하지 못하는 방법을 쓰는 것, 바로 창의력이 실린 힘을 말한다. 창의력은 막연한 개념에서 나오는 것이 아니라 현장에 대한 치열한 고민에서 나온다. 그리고 이런 고민을 업으로 삼았을 때 즐거울 수 있으려면 자부심으로부터 우러나오는 열정이 있어야 한다.

산자분수령과 산분수합

• • •

옛말에 산자분수령山自分水領이라 했다. 직역하면 '산은 스스로 물을 가른다'가 되고, 좀 더 의역하자면 '산은 스스로 물줄기水系를 나누는 분수령이 된다'는 의미다. 이 명구名句를 통해 다음과 같은 명제를 추론할 수 있다. 첫째, '산은 물을 넘지 못하고, 물은 산은 건너지 않는다.' 둘째, '두 능선 사이에는 계곡이 하나 있고, 두 계곡 사이에는 능선이 하나 있다.' 셋째, '산 없이 시작되는 강이 없고, 강을 품지 않는 산이 없으니, 산과 강은 하나다.' 넷째, '산에서 산으로 가는 길은 반드시 있고, 그 길은 오직 하나다.'

산분수합山分水合이란 말도 있다. 직역하자면 '산은 나뉘고, 물은 합친다'지만 의역하자면 '산줄기는 높은 줄기에서 낮은 줄기로 나뉘며 이어져 있고, 물줄기는 작은 줄기들이 모이고 모여 큰 줄기를 이룬다'고 할 수 있다. 그러나 그 의미를 좀 더 음미해 보면 '산줄기는 사람과 물산物産의 왕래를 가로막고, 방언方言을 만들며, 풍습을 달리하는 등 문화文化를 나누는 반면, 물줄기는 스스로 운송로가 되어 산이 가른 문화를 합쳐주는 구실을 한다'고 할 수 있다.

산자분수령山自分水領과 산분수합山分水合은 우리 선조들이 우리 강산을 이해하는 철학적 원리로 산과 강을 따로 떼어놓고 생각하지 않고, 음과 양의 조화처럼 불가분의 관계로 생각했음을 보여준다. 한편 국토의 75% 이상이 산지인 나라의 땅을 과학적으로 분석한 잣대이기도 했다.

그렇다면 우리 조상들의 철학이자 과학인 산자분수령山自分水領과 산분수합山分水合은 오늘날 군사적으로 어떤 의미가 있을까? 먼저 한반도 국토의 75% 이상은 산지다. 그리고 산지는 산맥으로 이어져 있다. 이런 산지는 피아 기동機動에 제한을 주지만, 군사적 식견을 가지고 주의 깊게 살펴보면 산악지형에서 적보다 우세한 기동력을 갖춘 정규부대를 가지고 있어야 전략 및 작전술 차원에서 우위를 점할 수 있다.

6.25전쟁 때를 돌아보면 뼈아픈 교훈이 있다. 인천상륙작전에 성공한 미군과 국군은 이후 파죽지세로 북진을 했다. 당시 미군의 군단과 사단 편성은 유럽에서 싸우던 제2차 세계대전 당시와 크게 다르지 않았다. 산악을 통제할 산악부대나 경보병부대가 없었다. 미군의 편제를 벤치마킹할 수밖에 없었던 국군도 마찬가지였다. 따라서 북진은 주로 큰 도로를 따라 주요 도시를 점령해 나가는 순으로 진행됐다. 인천상륙작전으로 고립됐던 남한지역의 북한군 주력은 산맥지형을 이용해 탈출에 성공했고, 무엇보다도 중공군 상당수가 산악지형을 이용해 아군의 배후 침투에 성공했다. 이는 아군의 전략적인 실패로 이어져 1.4후퇴를 가져왔다. 이처럼 산악지형이 많은 한반도에서는 산악지역에서 독자적으로 기동하면서 임무수행이 가능한 경량화된 부대를 반드시 필요로 한다.

또 한 가지 군사적 의미는 물과 관련된 것이다. 김일성은 1950년 12월에 만포 북방에 위치한 '별오리'에서 일명 '별오리대회'로 불리는 '조선노동당중앙위원회 제3차 정기대회'를 소집하여 남침 이후 6개월간의 작전실패 요인을 여덟 가지로 분석했다. 그중 한 가지가 바로 '도하장비의 부족'이었다. 한강과 낙동강을 비롯해 한반도 전역에는 많은 강과 하천이 산재해 있고, 실제로 북한군은 강과 하천을 만날 때마다 도하에 어려움을 겪었으며, 기동은 지체되었다. 따라서 6.25전쟁 이후 북한군은 도하장비 확보에 많은 노력을 기울였다. 모든 전차와 장갑차는 자체 도하장비인 스노켈Snorkel을 장비시켰으며, 이와는 별도로 K-61 궤도형 수륙양용차를 생산·배치하고, TTP 중부교重浮橋를 비롯해 공병부대의 도하장비도 크게 확충했다.

요약해 보자면 산맥으로 이루어진 산이 많고, 산에서 발원한 하천과 강이 많은 한반도에서 원활한 군사작전을 펴기 위해서는 필연적으로 산악지역에서 기동력을 발휘하면서 독자적인 작전을 수행할 수 있는 부대가 필요하며, 일반부대 역시 자체적인 도하능력을 갖추어야 한다.

아무리 시대가 바뀌어도 산자분수령山自分水領과 산분수합山分水合은 여전히 우리 산과 강을 이해하는 철학적 원리이자, 과학적 잣대로 유효하다. 그 안에 숨어 있는 군사적 함의를 읽어내야 한다. 선조들의 지혜와 전쟁에서 얻은 교훈을 제대로 소화하고 준비를 해야만 전승을 기대할 수 있다.

위장僞裝,
고정관념을 버려라

• • •

위장僞裝의 사전적 의미는 '본래의 모습이 드러나지 않도록 거짓으로 꾸밈. 또는 수단이나 방법'이다. 그동안 우리 군은 본래의 모습이 드러나지 않도록 하는 사전적 의미에 중점을 두고 위장을 추구해 왔다. 그리고 수단은 주로 위장도색, 위장망, 위장군복, 안면위장크림 등으로 가시광선可視光線으로 보는 적의 관측에 대해 장비나 개인의 본래 모습이 드러나지 않도록 하는 데 치중해 왔다. 무릇 전쟁이나 전투 경험이 부족하다 보니 자연스럽게 고정관념이 자리를 잡았는지, 과학기술 발전과 적의 능력을 충분히 고려하고 있는지 자성이 필요하다.

먼저 적의 육안관측으로부터 모습을 드러내지 않으려면 '주위환경과의 조화'가 가장 중요하다. 일례로 우리 국토의 16.6%가 도시화되었다. 그런데 도시지역에서 훈련을 할 때 여전히 야전에서의 위장 습관이 그대로 적용되고 있는지 돌아봐야 한다. 도시지역 작전 시 위장에 대해 더 많은 고민과 준비, 교육이 필요하다.

또한 위장은 작전보안作戰保安의 한 요소라는 인식을 공유해야 한다. 예를 들어 아무리 장비나 개인의 위장이 잘되어 있어 육안관측으로 모습이 드러나지 않더라도 부대 발전기 소음이 커서 수 킬로미터 밖에서도 들린다면 나머지 위장노력은 모두 의미가 없어진다. 발전기 소음기의 성능개선이 필요하다고 생각된다면 적극적으로 소요를 제기해야 한다.

그리고 과학기술의 발전을 고려해야 한다. 관측과 정보수집 수단이 나날이 달라지고 있다. 고전적인 육안관측으로부터 줌카메라 관측으로 진화하고 있으며, 최근에는 청음聽音, 적외선赤外線, 열熱, 전파電波 등을 이용한 정보수집 장비가 비약적으로 발전하고 있다. 이는 고전적인 위장만으로는 대비가 어렵기 때문에 더 많은 고민과 연구가 필요하다.

아울러 '본래의 모습이 드러나지 않도록 한다'는 소극적 위장의 개념을 '적을 속인다'는 기만欺瞞의 영역까지 확대할 필요가 있다. 아군의 배치나 의도를 적이 오판하게 만들려면 위장 장비가 필요하다. 허나 현재처럼 각급 부대에서 자체 제작한 위장 장비만으로는 효과를 기대하기 힘들다. 따라서 이 또한 적극적으로 소요를 제기하고 연구개발을 통해 보급을 하는 것이 바람직하다.

전장에서 군인은 두 개의 적과 맞서게 된다. 하나는 말 그대로 물리적인 적이고, 또 하나는 스스로 키운 고정관념이다. 적에게 나를 드러내지 않고, 나아가 적을 속이려면 고정관념부터 떨쳐내야 한다.

소총탄의 탄도彈道에 대한 이해

···

소총의 탄도에 영향을 미치는 요소는 다양하다. 총열과 탄약의 종류는 물론 경사도에 따른 영향도 무시할 수 없으며, 미미하지만 온도, 풍향, 풍속 등 기상氣象의 영향도 받는다. 실시간 측정이 어렵고 영향도 미미한 기상 요소를 제외하면 탄도고彈道高는 '소총과 탄약의 종류, 표적까지의 거리 및 경사도의 함수函數'다. 즉 특정 소총으로 정확한 사격을 하려면 먼저 표적까지의 거리를 정확하게 알아야 한다. 다음은 표적에 이르는 경사도를 정확하게 측정하여야 하고, 마지막으로 소총별, 탄종별, 사거리별, 경사도별 '탄도 제원표'를 적용하여 정확한 조준점을 선정·적용해야 한다.

현재 우리 군이 보유한 소총 중에 이와 같은 제원을 실시간에 정확하게 측정해 조준점을 자동으로 선정해 주는 소총은 'K-11복합소총'뿐이다. 따라서 나머지 소총을 휴대한 전투원은 훈련을 통해 숙달할 수밖에 없다.

예를 들어 K-2소총으로 K-100탄을 평지에서 사격하였을 때 250m에서 명중했다면 400m에서는 55.6㎝가 처지고, 500m에서는 130.6㎝, 600m에서는 무려 248.6㎝나 아래로 처지게 된다. 아울러 같은 600m 사거리를 45° 상향 사격했을 경우 탄도고는 -139.0㎝로 평지 사격과 비교하면 109.6㎝나 차이가 발생한다.

이는 앞으로 조준경은 '레이저 거리 측정기'와 함께 '자동경사감지장치', '자동탄도계산기'가 복합된 형태로 개발되어야 함을 의미한다.

아울러 소총에 '일반조준경'을 달아 사용할 경우라면 탄도와 경사도까지를 고려하여 조준점을 선정해야 하며, 이는 실제 거리별, 경사도별 사격을 통해 조준점을 얻는 것이 효과적이고, 사거리를 정확하게 염두로 판단하는 능력도 키워야 함을 시사한다.

사격장도 다양화할 필요가 있다. 우리 군은 평지 내지는 15도 내외의 상향 사격장을 가지고 있다. 사격거리는 100m, 200m, 250m가 전부다. 전쟁은 상대가 있다. 적보다 뛰어나야 이길 수 있다. 따라서 소총과 탄약이 가진 능력을 최대로 활용할 수 있는 조준장치의 개발은 물론이고, 고지방어에 필요한 하향사격, 고지나 건물공격에 필요한 상향사격, 이동하는 표적에 대한 사격, 이동하는 차량에 탑승한 상태에서의 사격연습이 필요하다.

앞으로 전쟁은 일어나지 않는다고 확신한다면 지금처럼 하면 된다. 평지 사격장에서 100m, 200m, 250m 사격에 열중하는 것으로 족하다. 하지만 전쟁은 상대가 있다. 자신이 적보다 뛰어나야 살 수 있고, 이길 수 있다. 만약 3개월 후에 전쟁이 일어난다고 확신한다면, 사격훈련도 하루아침에 바뀔 것이다.

동계전투준비와
언 땅 파기

• • •

우리 군은 휴전선 부근에 대규모 재래식 군사력을 집중배치하고 있는 북한군의 기습적인 남침을 방어하기 위해 불가피하게 지뢰를 운용하고 있다. 지뢰는 기본적으로 적의 기동을 방해하는 대기동對機動 용도로 쓰이면서 아울러 적의 기동을 아군이 유리한 쪽으로 유도하는 역할도 한다. 그리고 이러한 본래의 목적을 달성하려면 아군의 기동 및 화력계획과 통합된 '장애물 계획'에 따라 지뢰지대와 지뢰군이 구성되도록 정확한 지점에 지뢰가 매설되어야 한다.

하지만 민통선 이북의 일부 기존 지뢰 매설지대를 제외하면 우리 군의 주 방어지대FEBA 전방에는 지뢰가 매설되어 있지 않다. 기동계획이나 화력계획과 마찬가지로 계획만을 가지고 있을 뿐이다. 따라서 땅이 얼어붙어 땅 파기가 어려운 겨울철에 대비하여 지뢰를 매설할 지점에는 미리 깡통이나 볏짚 등을 묻어놓는데 이른바 '동계 전투준비'의 일환이다.

그러나 이런 '동계 전투준비'에는 허점이 있다. 먼저 계획된 지뢰지대의 총면적에서 하천부지, 그리고 소유자와 협조된 일부 논이나 밭을 제외하고는 도로와 택지, 협조되지 않은 사유지 등은 깡통이나 볏짚을 묻기가 어렵다. 또 한 가지는 전쟁의 속성에 대한 이해와 대비 부족을 들 수 있다. 전쟁이란 피아 자유의지의 충돌이다. 즉, 적은 아군이 계획한 대로 기동하는 것이 아니라 나름의 정보와 자유의지를 가지고 기동을 한다. 따라서 실시간 계획의 수정이 불가피하며 장애물계획과 지뢰매설계획 또한 마찬가지다. 즉, 전혀 새로운 곳에 지뢰를 매설해야 하는 경우가 반드시 생긴다는 점을 고려해야 한다.

이렇게 놓고 볼 때 겨울철에 땅이 얼어 지뢰공地雷孔 굴토가 어려운 환경을 극복하기 위해서는 현재의 깡통이나 볏짚 등을 매설하는 방법 외에 언 땅을 파서 지뢰공을 만들 수 있는 '굴토 장비'의 확보가 반드시 필요하다. 얼어있는 땅은 곡괭이나 삽으로는 제대로 굴토를 할 수가 없기 때문이다. 그렇다고 언 땅에 일일이 불을 지피거나 끓는 물을 붓는 일은 물리적으로 어렵다.

해답은 명확하다. 현대의 시추기술, 특히 재료기술은 암석층을 포함하여 땅을 수 킬로미터까지 파 내려갈 수 있는 수준에 와 있다. 대인지뢰의 경우 지뢰공의 크기는 지름이 6~11㎝, 깊이 또한 5~14㎝에 불과하다. 대전차 지뢰공의 경우도 지름 40㎝ 정도에 깊이는 20㎝다. 이 정도라면 아무리 언 땅이라 할지라도 현재의 재료공학과 과학기술을 동원해 인력만으로 굴토가 가능한 장비 개발이 가능하다.

이는 전술제대의 군사적인 문제고, 지뢰공 굴토장비의 개발 또한 시장성이 없지만, 그 취약점이 전술적 수준을 넘어 국가방위를 위협할 가능성이 있다면 국방차원에서 해결방안을 마련해야 한다. 자고로 방자防者는 사방팔방으로 고민이 많을 수밖에 없고, 겨울에 닥칠 고민은 여름이 가기 전에 미리 해결책을 찾아야 한다.

동계전투준비와 혹한기훈련의 본질

지구온난화 문제가 심각하다. 특히 우리나라의 평균기온은 지구 평균보다 더 상승해 아열대 기후의 특성을 보이기도 한다. 하지만 겨울까지 따뜻해진 것은 아니다. 오히려 더 혹독해진 겨울이 오기도 한다. 기상학계에서는 이런 현상을 '북극진동'으로 설명한다. 온난화로 인해 북극지역의 기온이 높아지면서 적도지역과의 온도차가 줄어들고, 그 결과 북극의 차가운 공기를 가두어두던 '제트기류'가 약해져 상대적으로 추워진 시베리아에서 발달한 대륙성고기압이 한반도에 더 강한 영향을 준다는 것이다.

군사적으로는 어떤 영향이 있을까? 예부터 기상은 지형과 더불어 군사작전의 성패에 영향을 주는 대표적인 고려요소였고, 지금도 마찬가지다. 특히 혹한의 추운 날씨는 피아를 막론하고 군사작전에 심대한 지장을 초래한다. 한반도에서도 마찬가지로 혹한은 군사작전 수행에 많은 영향을 미친다. 군에서는 이를 극복하기 위해 이르면 9월부터 동계전투준비에 들어간다. 아울러 동계혹한기 훈련을 통해 혹한기 적응능력을 높이고 있다.

그렇다면 동계전투준비의 중점을 어디에 두어야 할까? 가장 중요한 것은 혹한의 환경에서 모든 전투장비가 잘 가동할 수 있도록 준비하는 것이고, 두 번째는 전투진지와 장애물지대를 계획대로 운용할 수 있도록 대비하는 것이다. 아울러 장병들이 체온을 유지하면서 작전을 수행할 수 있도록 급양의 질을 높이고, 피복·장구류를 잘 갖추는 것이다. 그리고 혹한기훈련을 통해 이같이 준비된 장비와 장구류의 가동상태와 성능을 실제로 점검하면서 장병들의 적응 능력을 높여야 한다.

이 모든 준비는 타성을 철저히 배제시키고 강한 의문을 바탕으로 해야 한다. 모든 기동장비는 혹한의 환경에서 잘 가동할까? 가령 영하25℃ 이하의 기온에서 연료인 경유가 결빙현상을 보인다면 어떻게 대처할 것인지, 화기의 윤활유는 기능에 문제가 없는지, 긴급하게 비계획 지뢰지대를 설치하려면 어떻게 언 땅을 굴토할 것인지, 작전보안을 유지하면서 숙영지 난방대책을 어떻게 할 것인지, 개인 방한피복은 양과 질 면에서 충분한지 등이 동계전투준비의 핵심이며 본질이다. 장병 개인이 혹한에 적응하도록 하는 훈련은 이런 모든 사항이 잘 갖춰진 다음 일이다.

시대를 막론하고 모든 군사 전략가들이 말하길 '전쟁을 준비함에 있어 일어날 수 있는 모든 경우에 대비하는 것은 자원의 낭비일 뿐, 아무것도 준비하지 않는 것과 같다'고 했다. 전략적 선택과 집중의 중요성을 강조한 것이다. 허나 동계전투준비는 선택과 집중이 필요한 자원 활용의 문제가 아니다. 전쟁의 승패와 직접적으로 관련된 본질적인 사안이기 때문이다. 동계전투준비의 문제점을 발견하고 이를 해결하기 위한 고민은 모든 장병의 몫이다. 자체적으로 해결이 안 되는 부분은 적극적으로 건의를 해야 한다. 전쟁을 하지 않아도 발생 가능한 동계작전의 문제점을 찾는 것은 가능하다. 그리고 해결책 또한 반드시 있다. 주인의식이 관건이다.

바리케이드Barricade의 군사적 용도

• • •

군사작전을 하는 도로의 주요 목이나 검문소, 그리고 부대의 위병소 앞에는 바리케이드Barricade가 설치되어 있거나, 유사시에 설치하려고 주변에 보관하고 있다. 평시 경계뿐만 아니라, 대국지도발, 대침투작전에 필요하기 때문이다. 이는 인원의 접근을 차단하는 용도로도 쓰이지만, 주로 차량의 속도를 줄이거나 정차시킬 목적으로 운용된다. 나아가 이라크에서 '안정화작전'을 수행하는 미군에서처럼 앞으로는 정규작전에까지 그 쓰임새가 확대될 것으로 전망된다.

현재 우리 군이 보유·운용하고 있는 바리케이드의 실태는 어떤가? 재질 및 구조, 설치방법 등에 관한 연구가 부족한 상태에서 각급 부대별로 실무자의 눈대중에 의존하여 제작된 것이 대부분이다. 따라서 작전목적에 부합하는 효과를 달성할 수 있을지 의문이다.

가장 많이 보유하고 있는 철재파이프 재질의 경우 정삼각형 구조로 지면에 고정할 장치가 없어 차량 충격 시 뒤로 밀리는 현상으로 인해 오히려 경계근무자의 생명을 위협할 수 있다. 콘크리트 장애물 역시 일반도로의 중앙분리대 용도로 제작된 것을 사용하는 것 말고는 기초적인 연구조차 부족한 실정이다.

따라서 바리케이드의 용도와 구조 및 재질은 물론 구체적인 설치방법 등에 관한 연구가 필요하다. 예를 들어 철제 파이프 바리케이드의 구조는 기존의 정삼각형 형태보다는 최초 충격을 효과적으로 흡수하고, 차량 바퀴가 낄 수 있는 기하학적 구조로 설계하는 것이 바람직하며, 지면에 고정할 수 있는 장치도 필요하다.

콘크리트 구조의 바리케이드 경우도 차량 충격 시 파괴되지 않고, 차량의 하부 밑에 끼어 이동을 저지할 수 있는 구조가 되어야 작전목적을 달성할 수 있다. 아울러 차량의 타이어를 펑크 내기 위한 다양한 형태의 '오뚜기 침'과 차량 충격 시에 운전자에게 물리적인 피해를 줄 수 있는 탈·부착형 창槍의 개발도 필요하다. 바리케이드는 경계작전과 대침투작전은 물론 정규작전에 이르기까지 폭넓게 쓰이며 작전의 성패에 큰 영향을 끼치는 전투시설물이다. 전투시설물이 전투시설물로서 제 기능을 발휘할 수 있도록 양병養兵을 책임지고 있는 각군본부부터 예하 전투부대까지 좀 더 신경을 써야 한다. 항재전장恒在戰場 의식이 구호로만 그쳐서는 곤란하다. 매의 눈으로 문제점을 살피고, 비버처럼 부지런히 새는 둑을 고쳐야 한다.

무성무기의 본질과 요구 성능

흔히 '무성무기無聲武器' 하면 활이나 표창 그리고 대검 등을 생각하게 된다. 영화를 보면 종종 적진에 침투한 특수부대원이 석궁石弓을 쏘거나 표창이나 대검을 던져 적 초병을 즉사시키는 장면이 나온다. 현실적으로 생각해 보자. 아무리 숙달된 전사라 할지라도 멀리 떨어져 있는 적에게 화살이나 표창 등을 투척해 급소를 정확하게 맞혀 즉사시키는 것은 불가능에 가깝다. 대부분의 경우 맞히더라도 적 초병이 소리 없이 바로 즉사하는 것이 아니라, 고통에 소리를 지르며 날뛰게 되어 의도와는 달리 침투기도가 노출될 가능성이 훨씬 커지게 될 것이다.

이렇듯 무성무기는 '발사할 때 소리가 나지 않는 무기'가 아니라, 작전의 기도비닉企圖秘匿 유지를 위해 '적을 소리 없이 처치하는 용도의 무기'를 말하는 것이다. 따라서 이런 '작전요구성능'을 만족시키려면 촉과 날을 통해 적을 짧은 시간 내에 제압할 수 있는 신경계 독毒이 필요하다. 그러나 이렇게 위험한 독을 개발하고, 취급하는 것보다는 좋은 성능의 소음기를 개발해 보급하는 편이 훨씬 더 효율

적이다.

우리 군에서 지금껏 생각해 왔던 석궁, 표창, 대검 등은 '무성무기'가 아니며, 단지 소총의 실탄이 떨어졌을 때 사용하는 '보조무기'라는 점을 명확하게 인식할 필요가 있다. 숙달훈련은 계속 하더라도 용도만큼은 분명히 알아야 한다.

전쟁영화 같은 매스미디어가 만든 환상이 역으로 군에 흘러들어 본질을 왜곡하는 경우가 흔하다. 정신 똑바로 차리고 찬찬히 논리적으로 뜯어보면 구별이 가능한데, 문제는 아무 생각 없이 이미지만 받아들이는 경우다. 지금 이 시각에도 우리 특전사나 특공부대 그리고 수색대대에서는 표창과 대검을 던지는 훈련을 하면서 무성무기라고 교육시키고 있는지 돌이켜 볼 일이다. 관심 있는 둔재가 알아차릴 일을 먼 산만 바라보던 천재는 놓치는 것이 인간사다. 야전에서 복무하는 군인도 정책부서에서 근무하는 군인도 마찬가지다. 비판적 시각과 분석적 검증 없는 관행적 훈련은 오히려 독이 될 수도 있다.

눈 쌓인 지형을 극복하라

설한지雪寒地 작전이란 '춥고 눈이 쌓인 지역에서 실시되는 작전'을 말한다. 겨울철 낮은 온도에서도 작전을 원활하게 수행하기 위해 우리 군은 전투장비 기능유지부터 보온피복과 급식 등에 이르기까지 동계작전준비에 만전을 기하고 있다. 아울러 눈 쌓인 지형을 극복하기 위해 설상위장망과 설상위장복, 무한궤도용 방활구防滑口, 바퀴용 체인 등 주로 작전보안 유지와 기동장비의 적설지형 극복에 주안을 두고 물자를 준비해 놓고 있으며, 숙달훈련도 하고 있다.

반면에 병력이 적설지형을 극복하면서 기동하기 위한 준비는 다소 미흡한 면이 발견된다. 필요한 장비로는 설피雪皮와 스키가 있다. 설피는 전투화 밑바닥에 덧대어 신는 것으로 이것을 신으면 눈이 깊어도 빠지지 않으며, 비탈에서도 잘 미끄러지지 않는다. 따라서 적설환경 아래 작전이 요구되는 모든 장병은 개인용 설피를 보유해야 하고 착탈 및 보행훈련을 해야 한다.

스키는 적설환경에서 보다 빠르게 기동이 요구되는 장병들에게 필요한 장비다. 군 작전에 적합한 스키를 선택하기 위해서는 한반도

작전환경부터 분석할 필요가 있다. 먼저 스키를 탈만한 곳이 얼마나 되는지부터 살펴야 한다. 우리나라 산악은 북한의 일부 2,000미터가 넘는 험준한 산악지대를 제외하면 기본적으로 교목喬木과 관목灌木의 조밀한 혼합지대로 이루어져 있다. 따라서 겨울철에 눈이 쌓여 있다 하더라도 스키를 탈 수 있는 자연림 지대는 많지 않다. 다만 인공조림 교목지대나 도로, 일부 개활지에 한해 스키를 기동수단으로 활용할 수 있다.

그렇다면 시야를 더 넓혀 유엔 평화유지군의 일원으로 세계를 작전무대로 활동하는 해외파병 장병들의 모습을 그려보자. 눈이 많이 내리는 파병지역이라면 분명 이를 극복하는 데 스키가 필요할 것이다. 그렇다면 현재 우리 군이 운용하고 있는 고로쇠 스키는 한반도와 파병지역에서 유용할까? 일단 등행에 필요한 장치인 스키 실Ski Seal[2]이 없어 산악지형 극복이 어렵다. 또한 에지Edge도 없어 방향전

---

2 산이나 경사진 길을 오를 때 필요한 장치로 전진할 때는 글라이더(Glider)가 가능하고, 후진 시에는 설면에 그립 작용이 생겨 미끄러지지 않도록 하는 장치

환과 급제동에 약점이 있다. 아울러 단일 나무스틱으로 활강은 가능하나, 평지에서 속도를 내기는 어렵다.

따라서 별도의 군 작전용 스키를 개발할 필요가 있다. 후진 시 미끄럼 방지와 급제동과 방향전환 장치가 달렸고, 산악 지형에서 기동과 휴대가 용이한 짧은 길이, 그리고 내구성을 겸비한 스키라면 아마도 등행 장치Ski Seal가 달린 짧은 노르딕 스키Nordic Ski 형태가 될 것이다. 그리고 평지 가속을 위해 스틱도 두 개가 필요하다. 아울러 숙달훈련은 지금처럼 스키장에서 활강훈련을 할 것이 아니라 크로스컨트리Cross Country[3]나 바이애슬론Biathlon[4] 형태가 되어야 한다.

전쟁과 전투를 수행하는 군인에게 있어 관행이야말로 가장 치명적인 독이다. 눈 쌓인 작전 환경은 피아 작전에 많은 제한을 초래하기 때문에 더욱 세심한 준비와 훈련이 필요하다. 지금까지 해왔던 관행적 준비와 훈련을 그대로 답습하기보다는 문제점을 세심하게 찾고, 분석하여 과학적인 대안을 찾으려고 노력해야 한다. 그리고 필요한 장비의 보급을 적극적으로 건의해야 한다. 그래야 적을 능가해 승리할 수 있다.

---

3 스키의 마라톤이라고 할 수 있으며, 표고차 200m 이하의 눈 쌓인 지형을 정해진 주법(클래식, 프리)으로 달려 빠른 시간 내에 완주하는 것으로 순위를 정하는 경기. 지형은 오르막, 평지, 내리막 비율이 각각 1/3씩 구성됨.

4 크로스컨트리 경기에 사격을 통합한 경기로 정해진 코스를 활주하다가 설정된 사격장에서 자격자세(복사2회, 입사2회)별로 5발씩 사격 후 코스를 완주한 순위대로 결정됨. (단, 사격이 명중되지 않은 경우 한 발에 150m씩 더 활주하여야 함.)

동전의 양면, 시호통신과 작전보안

군이 보유한 무기를 인간의 신체에 빗대자면 주먹일 것이다. 기동장비는 발에 해당한다. 지휘부는 뇌, 그렇다면 통신은 무엇에 해당할까? 두말할 것도 없이 이 모든 수단을 이어주는 신경이다. 신경이 끊어지면 몸이 마비가 되듯 통신의 역할과 중요성은 아무리 강조해도 지나치지 않다. 통신수단은 크게 유선통신과 무선통신으로 나뉘며, 무선통신은 다시 전파통신과 음성통신, 데이터통신으로 등으로 구분된다.

그렇다면 시호통신視號通信이란 무엇일까? 이는 음성통신이나 데이터통신이 끊겼을 때 사용하는 보조적 통신수단으로 두 지점에서 수기手旗나 광선光線같이 서로 볼 수 있는 수단을 가지고 약정된 신호를 주고받는 통신을 말한다. 주로 단일 제대 내에서 근거리 의사소통에 사용되며, 신호의 약정은 부대별 야전예규野戰例規에 명시되어 있다. 현재 우리 군의 각급부대에서는 통신병뿐만 아니라 화기의 사수, 기동장비의 경계병에 이르기까지 많은 병사들이 시호통신을 익히는 데 시간과 노력을 쏟고 있다. 약정된 신호를 빠르고도 정확

하게 주고받는 것이 시호통신의 핵심으로 완벽한 숙달이 요구되기 때문이다.

그렇다면 시호통신의 수단인 수기와 광선은 작전보안作戰保安에 어떤 영향을 줄까? 당연히 적에게도 노출될 확률을 높여주기 때문에 부정적이다. 뿐만 아니라 전차나 장갑차에 장착된 다양한 원색의 수기는 우군 항공기가 아군 장비를 식별하는 수단인 대공포판Signal Panel, 對空布板의 인식을 어렵게 함으로써 오히려 작전을 방해하고 아군안전을 위태롭게 할 수도 있다.

우리 군의 평소 훈련 모습을 살펴보자. 전차와 장갑차, 그리고 자주포 및 견인포차에는 이동과 훈련 시를 막론하고 수기가 꽂혀있다. 식별성識別性을 높이려고 색깔이 화려한 것은 물론 크기 또한 본래의 목적에 비해 과도하다. 이렇게 훈련한 대로 전시에도 수기를 외부로 노출시킨다면 어떤 문제가 발생할까? 국지적 공중우세권이 적에게 있거나, 피아 대등하다면 당연히 적 항공기에 아군의 위치를 표적으로 노출시키는 것이니, 많은 국방예산을 들여 칠한 위장도색이나 위장전투복의 효과를 무색케 할 것이다. 아울러 공중우세권이 아군에 있는 경우에도 마찬가지다. 수기가 아군기의 대공포판 식별을 방해해 작전에 차질을 일으킬 수 있다.

따라서 수기의 색깔과 크기를 필요한 용도에 따라 최소한의 범위로 제한하고, 이동 시 사용은 평시 훈련에 한해 행군대형 유지와 안전을 목적으로 사용한다는 점을 교육을 통해 전 장병이 숙지하고 있어야 한다. 또한 훈련 중이라 할지라도 주둔할 때와 전시에는 작전보안을 유지하는 차원에서 모든 수기를 장비 내부에 보관하도록 통제해야 마땅하다.

군인은 관찰력이 뛰어나야 한다. 작전환경과 적을 관찰하는 것은 물론이고, 아군의 장비와 작전행동에 대해서도 마찬가지다. 아울러 분석력도 군인의 덕목이다. 과거부터 그렇게 해온 것이라 할지라도 왜 그렇게 해왔는지, 그럴 경우 어떤 문제가 있는지, 더 좋은 방법은 무언인지 끊임없이 분석하고 좋은 대안을 찾는 노력을 기해야 한다. 이런 노력이 모여야 강군이 되고, 전쟁에서 승리할 수 있다. 관행이야말로 내부의 적이다.

특수전과 공수강하의 본질

특수전 대원에게 있어 공수강하空輸降下의 군사적 의미는 무엇일까? 흔히 '특전부대'를 '공수부대'라고도 부르는 만큼 낙하산을 이용한 강하는 부대와 부대원의 자존심을 나타내는 상징성이 있지만, 실제 전장에서의 역할은 무엇일까? 이는 특전대원의 전시 임무수행 과정을 짚어보는 것으로 가늠할 수 있다. 전시에 특전대원이 적지에 침투하여 임무를 수행하기 위해서는 먼저 목표 부근 적 지역까지 수평적인 원거리 이동을 해야 한다. 수송기나 헬기를 이용하거나, 선박이나 잠수함을 이용하든, 아니면 육상침투를 감행하든지 간에 이는 목표 달성에 첫 단추를 꿰는 경로인 동시에 생존 자체를 가장 위협하는 과정임에 틀림없다.

목표지역으로의 수평이동이 끝나면 목표지역 상공에서 지상으로 주로 낙하산을 이용한 강하를 하게 된다. 낙하산 강하란 좀 더 과학적으로 분석해 보면 '목표 부근 상공으로부터 강하 목표지역으로의 수직적 이동'이라고 할 수 있다. 물론 좀 더 은밀성과 생존성을 높이기 위해서는 고공침투강하가 필요하지만, 수직적 이동이라는 국한된 용도에는 크게 변함이 없다.

강하가 끝나면 목표지역으로 이동하여 정찰 및 감시, 표적획득, 타격, 파괴, 유도, 요원암살 등 부여된 특정임무를 수행하게 된다. 사실 이 과정이 특수전의 본질이며, 나머지는 이와 같은 임무를 수행하기 위한 과정일 뿐이다. 그리고 이런 본질에 해당하는 임무를 잘 수행하려면 여러 가지 장애물을 극복하는 능력도 출중하여야 하고, 화기 및 장비를 다루는 능력뿐만 아니라, 보급이 부족한 상황에서도 이를 극복하는 생존능력을 갖추어야 한다. 한 가지 임무가 끝나면 적지 침투와 마찬가지 수단을 이용, 수평적인 원거리 이동으로 복귀를 하든지, 아니면 또 다른 임무수행을 위해 목표지역으로 이동하기도 한다. 이렇게 특전대원의 임무수행 과정을 ①수평침투이동, ②수직이동, ③부여된 임무수행, ④수평복귀이동 등 네 가지로 나누어놓고 보면 수직이동은 결코 특수전의 본질이 아니며, 그 비중 또한 크지 않음을 판단할 수 있다. 이렇게 기본적인 인식을 바탕으로 현재의 모습을 분석해 보면 보완해야 할 과제가 보인다.

먼저 한 사람의 많은 강하 경험보다는 팀원의 평균 강하 경험이 임무수행 능력에 플러스 요인으로 작용한다는 점이다. 즉, 팀원 중에 어느 한 사람이 1,000회 이상의 강하 경험을 가지고 있고, 나머지 팀원의 평균 강하 경험이 10회인 팀보다는 팀원이 평균적으로 50회 정도의 고른 강하경험을 가지고 있는 것이 전술적으로 보탬이 된다. 이는 군사과학이기 전에 상식에 가깝다. 따라서 낙하산 강하 자원의 효율적 분배에 신경을 쓸 필요가 있다. 예를 들어 유지(정기)강하의 경우 숙련되어 있는 대원보다는 일정 회수 경험미달 대원에게 보다 많은 강하 기회가 보장되도록 유지(정기)강하 기준을 조정할 필요가 있다. 또한 모든 낙하산 강하는 철저하게 전시를 위한 숙달 과정이 되어야 한다. 그러기 위해서는 기본공수훈련 과정을 제외한 모든 강하 시에는 일체의 화기·탄약·장구류와 함께 강하하는 훈련을 하는 것이 바람직하다. 고공침투강하도 그 목적을 새긴다면 예외일 수 없다.

아울러 개인 및 팀 훈련의 주 노력을 강하보다는 본질에 해당하는 특수전 연마에 집중해야 한다. 합참 및 각군 차원의 주 노력은 특수전용 수평침투기동 수단의 확보, 수평침투와 낙하가 가능한 비행기구 개발, 적지에서 탄약 획득이 용이한 7.62밀리 소총과 저격소총의 획득, 안정적인 보급을 위해 고공과 무인항공기로부터 투하가 가능한 GPS유도낙하산 획득 등에 집중되어야 한다.

낙하산 강하는 특전사의 정체성을 가장 잘 나타내는 상징이자 훈련과목이다. 허나 강하가 특수전의 본질은 아니다. 자칫 내실보다는 외형에 매몰되어 강하자체가 목적으로 둔갑하고 있지는 않은지 냉철하게 분석해 이를 바탕으로 발전적인 대안을 마련해야 한다.

육군도 상륙작전을 한다

군대에서 평시 교육훈련 소요를 도출하는 데 가장 중요한 근거는 전시 작전계획이다. 우리 군은 이런 작전계획에 기초하여 매년 대부대훈련을 하고 있으며, 작전계획에 따라 반격단계 이후에는 육군 사단이 상륙작전에 참가하는 경우가 발생할 수도 있다.

그러나 실제 사단이 상륙작전 임무를 수행한다는 것은 매우 복잡하고도 어려운 과정의 연속이라고 할 수 있다. 상륙작전의 성공을 보장하기 위해서는 제일 먼저 신속한 상륙을 통해 단기간에 육상으로 전투력을 축적 및 확장하는 것이 중요하다. 따라서 신속한 상륙을 위해서는 필수적으로 질서 있고도 연속적인 상륙이 가능하도록 적절한 탑재가 이루어져야만 한다. 이는 그냥 배의 공간을 고려해서 적당히 짐을 싣는 것과는 확연히 다른 것이다. 배의 공간을 가장 효율적으로 활용하되, 작전과 전투지원 및 전투근무지원 계획에 부합하도록 투입되는 장비의 역순으로 탑재를 해야 한다. 장비의 결박 또한 고도의 전문성을 필요로 한다.

그런데 우리 육군은 그 동안 상륙작전 탑재의 중요성에 대해 간과해 온 측면이 있다. 탑재교육을 받은 자원도 부족하고, 결박자재도 보유도 소요에 비해 충분하지 않다. 능력이 이런데도 훈련을 통해 문제점이 대두되고 검증된 예는 드물다. 어쩌면 이것이 대부대 훈련과 워 게임의 한계라고 할 수 있다. 지금이라도 늦지 않았다. 상륙작전 시 탑재의 중요성을 정확하게 인식하고 능력을 키우려는 노력을 기울여야 마땅하다.

적어도 사단 및 연대급에는 탑재계획 수립과 탑재를 현장에서 지휘할 수 있는 전문요원을 양성해야 한다. 따라서 군수 직위에 보직되어 있는 장교나 부사관을 선발하여 해군으로 위탁교육을 보내는 방안을 강구해야 한다. 제대별로 탑재장비 소요를 정확하게 산출하고, 결박자재도 소요 대비 충분한 양을 확보해야 한다. 특히 군에서는 당장 필요한 업무가 아니고 미래에 예상되는 과업이라고 해서 이를 경시하거나 소홀히 다루면 안 된다. 전시에는 이런 조그만 일이 상륙작전 전체의 지연과 실패로 이어져 작전의 성패는 물론 국가의 운명까지도 좌우할 수 있기 때문이다.

무릇 계획이 계획대로 실현되려면 작은 부분까지 치밀하게 살피고 조합하여 세부 실행계획을 만들고, 피나는 훈련을 통해 숙달을 시켜야 한다. 준비되지 않은 문서 속 거창한 계획은 그냥 계획일 뿐이다. 이는 인류 전쟁의 역사가 결과로써 증명하고 있다.

03

전사의 토론문화

전장환경의 변화, 관찰하고 예측하고 적응하라

1부: 지형

전장의 모든 요소는 변하기 마련이다. 조금 긴 흐름으로 보면 지형地形이 변하고 있다. 가장 큰 요인은 토목과 건축이다. 댐 건설을 예로 들어보자. 새로운 댐은 수몰 호수지역을 형성한다. 이를 유리하게 이용하려면 도하능력과 도하 저지 능력을 필요로 한다. 또한 댐을 신속하고도 정확하게 파괴할 수 있는 능력과 적의 공격으로부터 방호할 수 있는 능력을 동시에 갖추어야 한다. 다른 예로 대규모 간척사업도 있다. 대규모 매립지 조성으로 새롭게 형성된 평야지대를 군사적으로 통제하려면 드론 등 새로운 관측수단의 활용과 화력수단의 보강이 요구된다.

수많은 신도시 건설과 급속한 도시화 진행에 따라 군은 전통적인 야전 중심 사고에서 벗어나 도시지역 작전을 상수常數로 받아들여야 한다. 기동과 화력수단의 운용은 물론 관측과 지휘통신 및 방호에 이르기까지 전통적인 산악 · 야지 작전에 비해 도시지역 작전은 근본적으로 다르다. 야전교범에 일일이 표준을 정해놓기도 힘들다. 도시지역 역시 살펴보면 모두 환경이 다르기 때문이다.

마천루 및 옥상헬기이륙장을 비롯해 지하공동구와 지하주차장, 대피호, 병원시설, 급수탱크 및 유류탱크 등을 작전과 전투근무지원에 활용하려면 현황파악이 먼저인데, 기존 군사지도만 가지고는 정보가 절대적으로 부족하다. 도시계획도면과 시설별 배치도 및 건물별 설계도를 충분히 확보해야 한다. 이에 더해 작전계획 수립과 수행에 필요한 정밀정찰을 하고 세부정보를 면밀히 수집해 유지할 필요가 있다.

아울러 도시지역 작전을 수행하기 위한 별도의 훈련도 필요하다. 지뢰의 매설과 부비트랩Booby Trap의 설치부터, 사격과 관측방법이 야전에서의 작전 시와 확연히 다르기 때문이다. 공용화기의 운용과 통신설치 역시 차이가 크고, 위장僞裝환경은 근본적인 차이가 있다. 이에 더해 바리케이드barricade도 아군 작전에 유리하게 설치할 수 있도록 능력을 갖추어야 한다. 여건상 훈련장을 조성해 훈련하기 힘들다면, 차선책으로 시청각 교육 자료를 제작 · 배포해 활용하는 방법도 있다.

최근 건설됐거나 건설되고 있는 많은 고속도로와 자동차전용도로를 살펴보면 공통적인 특징이 있다. 건설비용을 절감하고 공사기간을 단축하려다 보니, 도심과 마을을 피해 노선을 설계할 수밖에 없다. 따라서 기존 도로에 비해 산악과 협곡지형을 극복하기 위한 터널과 고공지상교량이 월등히 많다. 이같이 새로운 도로환경은 피아 어느 쪽에게 유리할까? 답은 준비한 쪽에 유리하다. 이 또한 정보와 장비, 훈련이 관건이다. 터널의 설계도부터 지상교량의 제원에 이르기까지 보급로 경계작전과 기동 및 대기동작전에 필요한 제반 정보를 수집해 유지해야 하며, 기동 및 대기동 작전에 필요한 장비와 폭약도 충분히 확보할 필요가 있다. 아울러 공병부대 장병뿐만 아니라 보병부대 장병들도 훈련을 통해 폭파능력을 배양해야 한다.

『손자병법』 제10편(지형)에서는 지형을 여섯 가지 형태로 분류하고 있다. 모두 땅의 형태를 기준으로 한 것으로 이 같은 지형을 군사적으로 어떻게 유리하게 활용할지를 제시하고 있지만, 지형 자체는 사람이 어떻게 변화시킬 수 없는 불변 요소로 보고 있다. 그러나 지금은 상황이 달라졌다. 군사작전에 큰 영향을 주는 지형 자체가 인공물로 인해 급속하게 바뀌고 있다. 이를 어떻게 아군작전에 유리하게 활용할 것인지, 유심히 관찰하고 예측하며 변화된 지형에 적응해야 전승할 수 있다. 적보다 먼저, 세심하게, 그리고 충분히 준비하고 숙달해야 한다.

전장환경의 변화, 관찰하고 예측하고 적응하라

2부: 기상

온실가스 배출 증가와 자연환경의 무분별한 훼손으로 인해 지구 온난화가 급속하게 진행되고 있다. 이로 인해 지난 100년간 지구의 평균 기온은 섭씨 0.74도 상승했다. 한반도는 지구 평균의 두 배가 넘는 1.5도씨가 올랐다. 온난화의 폐해는 단순히 평균기온의 상승에 그치지 않는다. 여름철에는 폭염과 집중호우 현상이 잦아지고 있으며, 산과 야지가 준정글지대로 바뀌고 있는 반면, 북극을 둘러싼 제트기류의 약화로 겨울철엔 한파가 자주 발생하고 있다. 한편 봄과 가을은 점점 짧아지고 있다.

그렇다면 이러한 이상의 변화는 군사작전에 어떤 영향을 주며, 어떻게 대비해야 할까. 먼저 여름철에 준정글지대로 변한 산과 야지에서 길이 아닌 곳으로 기동하기 위해서는 최소 분대 단위까지 벌목도伐木刀가 필요하다. 또한 벌에 쏘였거나 뱀에 물렸을 때 응급처치에 필요한 항독소 주사제와 주사기 역시 분대용 구급낭에 휴대하도록 지급하고, 장병들이 항독소 주사제를 식별하여 스스로 주사할 수 있도록 훈련을 하는 것이 바람직하다. 아울러 벌과 모기 쏘임 방지

용 방충모 보급도 고려해야 한다.

집중호우와 산사태에 대비해 전투호와 교통호를 구축할 때는 물 빠짐 배수로를 설치해야 하며, 숙영지를 편성할 때도 산사태 위험지역을 식별해 회피할 수 있는 능력을 갖추도록 훈련해야 한다. 폭염도 작전에 많은 제한을 초래한다. 일반전투복은 사계절 입는 개념에서 벗어나 통풍과 속건速乾 기능이 강화된 하계전투복을 별도로 보급해야 훈련과 작전의 효율성도 높아지고, 열피로熱疲勞로부터도 장병을 보호할 수 있다. 화생방보호의化生放保護衣도 열피로 현상을 줄일 수 있는 소재를 개발해야 작전과 방호에 유리하다. 우의도 방수 기능뿐만 아니라 내부의 땀을 밖으로 배출하는 소재로 개선해야 한다.

겨울철 이상 한파 대비도 필요하다. 기동장비 연료인 동계용 경유輕油의 빙점은 대략 영하 30도씨 정도다. 그러나 연료통에서 엔진에 이르는 연료관 중간에 위치한 연료필터 캡슐 속에서는 이보다 높은 영하 25도씨 정도면 슬러시Slush 현상이 발생한다. 연료첨가제인

파라핀 왁스의 점도가 높아져 엉겨 붙기 때문이다. 이런 현상이 발생하면 경유를 연료로 쓰는 모든 전차, 장갑차, 차량은 작동 자체를 멈추게 된다. 비상조치로는 연료필터를 거치지 않고 연료관을 바로 엔진 내부로 연결하는 조치가 필요하며, 기술숙달이 요구된다. 아울러 한반도에서 극한 최저온도인 영하 40도씨까지도 얼지 않는 특별경유의 국방규격을 정하고, 유사시 보급할 수 있는 체제를 갖추는 노력도 필요하다. 또한 영하 30도씨 정도면 고무의 탄성이 현저히 저하된다. 따라서 차량과 견인포의 바퀴 체인을 조일 때는 고무밴드를 이용한 부대별 제작품이 아닌 체인과 고리로 만들어진 보급품을 써야 한다.

온난화와 기상이변은 이제 일상이 되고 있다. 군사작전에 매우 큰 영향을 주지만, 피아 공평하게 작용한다. 변화를 잘 관찰해 구체적인 작전 영향요소를 과학적으로 예측 · 측정 및 검증하고 장비와 피복 및 훈련 면에서 철저하게 대비를 하는 편이 유리한 것은 너무도 자명하다. 지기상지기知氣象知己면 백전불태百戰不殆다.

전장환경의 변화,
관찰하고 예측하고 대응하라
3부: 적

자고이래自古以來 세상 모든 군대는 적敵이 있기 마련이다. 현존하는 주적主敵부터 잠재적潛在的인 적, 가상假想의 적에 이르기까지 상대인 적군을 상정해 전력을 건설하고 유사시 싸워 이기기 위해 훈련을 한다. 대한민국 국군도 마찬가지다. 때문에 평소 적에 대한 첩보를 수집해 정보를 산출하고, 파악된 적의 능력과 의도를 고려해 이기기 위한 군사전략과 작전계획을 수립하며, 이를 구현하기 위해 충분한 능력을 갖추려고 노력하고 있다. 또한 대부대훈련부터 소부대훈련에 이르기까지 모든 훈련은 적을 상정해 이기는 방법을 모색하고, 능력을 갖추기 위해 주야로 구슬땀을 흘리고 있다.

무릇 우리 군이 필요로 하는 적에 대한 첩보와 정보는 무엇일까? 크게는 편성과 무기체계, 군사전략, 작전술로부터 전술과 복장 및 개인장비에 이르기까지 다양하다. 적에 관한 가장 최신의 정보를 산출해 관련 부대에 전파하는 것은 정보기관, 정보부대 및 교육사령부의 몫이다. 이를 주로 활용하는 건 창끝 전투력에 해당하는 야전부대다. 공군은 편대, 해군은 함정, 육군의 경우는 대대급 이하 부대가 해당되며, 전파수단은 상황도狀況圖와 교범敎範 및 교육회장敎育回章 등이다. 그렇다면 상황도와 교범 등에 담긴 적에 관한 정보가 지닌 본질적인 한계는 무엇일까?

적과 직접적인 교전이나 접촉이 없는 상태로 오랜 기간 동안 상황판이나 책을 통해 적을 파악하고 이를 토대로 훈련을 하다 보면 현실과 동떨어진 고정관념이 형성되기 마련이다. 이는 크게 세 가지 정도로 분류할 수 있다.

첫째는 상황도 인식의 오류다. 우리 군에서 많이 사용하는 지도는 1:5만과 1:2.5만 축척이다. 이를 바탕으로 상황도를 그리고, 표적을 계획하다 보면 실제지형의 넓이와 거리, 그리고 경사에 대한 감이 떨어진다. 예를 들어 포병의 경우 1:5만 지도를 바탕으로 표적대標的帶와 표적군標的群 및 표적을 계획하다 보면 마치 이 효과만으로도 지역과 적 모두를 화력으로 무력화 내지는 제압할 것 같은 착각에 빠지게 된다. 허나 지도 한 방안에 해당하는 1㎢ 넓이를 실제 지형에서 계측해 보면 매우 넓은 지역임을 알 수 있다. 더구나 적이 참호와 같은 적절한 방호태세를 취하고 있다면 화력의 위력은 더욱 감소하게 된다. 또 다른 착각은 상황도에 붙어 있는 적 단대호單隊號에 대한 착각이다. 예를 들자면 적 고사포 대대는 하나의 단대호로 표시된다. 이는 전체적으로 투입된 적의 규모와 능력을 한눈에 파악하는 데 필요한 것이지, 실제 고사포는 일대 주요시설 및 부대를 방호하기 위해 문 단위 또는 소대 단위 표적으로 넓게 배치되어 있다고 봐야 한다. 워게임을 해보면 이를 착각해 적 방공무기제압사격SEAD을 적 고사포 대대 단대호가 붙어있는 자리에만 계획하는 실수가 흔히 발생한다. 보병의 경우는 도상에서 식별이 용이한 평면적인 거리에만 집착해 지형과 수목의 착잡錯雜함을 고려하지 못하는 오류를 범하기 쉽다.

두 번째는 교범의 함정이다. 책 속의 적은 항상 같은 장비로 무장하고, 교리대로만 작전을 수행하는 모습으로 고정되어 있다. 이는 매체가 관념을 지배하는 형태의 오류로, 실제 적은 상황과 여건에 따라 편제와 장비를 바꾸어가며, 교리에 얽매이지 않고 소위 '기묘하고 영활한 전술'을 구사하기 위해 끊임없이 노력하고 있다는 점을 새겨야 한다.

세 번째로 막연한 기대期待 오류를 들 수 있다. 과학적이고 구체적인 근거 없이 적은 우리보다 똑똑하지 못하며, 우리가 계획한 대로 행동할 것이라는 기대 섞인 판단이 이에 속한다. 이런 관념이 지배하는 가운데 작전계획을 수립한다면 가정假定이 빗나갈 경우를 대비한 예비계획이나 후보계획 수립에 소홀하게 된다. 인류 전쟁과 전투의 역사를 살펴보면 계획대로 진행된 경우보다는 적이 아군의 기대와는 달리 다른 방향으로 행동한 경우가 더 많았다. 전장에서 막연한 기대는 패배의 주요 원인이 될 만큼 위험하다.

지피지기知彼知己면 백전불태白戰不殆다. 적을 똑똑히 보려면 쌍안경 렌즈부터 닦아야 한다. 즉 적을 정확하게 알려면 적에 대한 낡고 잘못된 고정관념부터 버려야 한다.

○

전장환경의 변화,
전파하고 숙지하고 통하라

4부: 아군

아군은 적에 대항해 승리를 목표로 함께 싸우는 전우다. 가깝게는 같은 소속부대원부터 인접부대원이 있고, 넓게는 국군 모두가 아군이다. 또한 공동의 적에 맞서 함께 싸우는 동맹국 및 우방국 군인 역시 아군이다. 이같이 관계적으로만 보면 아군은 장병 개인 및 소속부대를 확장한 개념으로 당연히 한 몸과 같이 통제되고 맡은 바 역할에 따라 유기적으로 움직여야 한다. 허나 인류 전쟁의 역사를 살펴보면 아군 간 협조가 잘 이루어지지 않아 패배하거나 작전에서 실패한 사례를 얼마든지 찾을 수 있다. 때문에 아군은 지형, 기상과 마찬가지로 기회Opportunity와 위험Risk을 동시에 지닌 전장의 환경 또는 요소로도 분류한다.

그렇다면 아군과 아군 간에는 어떤 위험요소가 존재할까? 먼저 복잡하고도 혼란스러운 전장에서 실시간에 적군과 아군을 구분 · 식별하기가 쉽지 않다는 점을 들 수 있다. 이른바 피아식별 위험이다. 기본적으로 아군과 적은 복장과 장비를 통해 식별할 수 있지만, 적 침투부대가 아군 복장에 아군 장비로 무장할 수도 있기 때문에 보이

는 것이 전부는 아니다. 특히 악천후와 야간에는 시계가 제한되어 피아 식별이 매우 어려워진다. 더욱이 앞으로 드론봇Drone-bot 등 무인전투체계가 전장에 투입된다면 피아식별 범위는 더욱 넓어지게 된다. 현재 우리 군은 전통적으로 암구호, 식별띠, 방탄모 표식, 손전등 필터, 신호킷, 대공포판 등을 피아 식별대책으로 활용하고 있지만 제병협동작전을 넘어 합동작전과 연합작전 수준에서 살펴보면 통합성과 기능 면에서 불비한 실정에 있다. 가장 효과적인 대책은 모든 아군 장병을 무선인식RFID 시스템을 통해 통합지휘통제 네트워크에 접속시키고, 실시간에 피아 위치를 제공하는 개인별 모니터를 보급하는 것이지만, 전력화까지는 많은 시간이 필요하다. 지금으로선 제대별로 통합지휘통제시스템을 활용해 아군의 정보와 사격협조선, 화력지원협조선, 공역통제구역 등 아군 간 화력협조수단을 신속히 장병 개인까지 전파하여 숙지하는 시스템을 갖추고, 인접한 아군과는 반드시 통신 및 연락대책을 강구하는 것이 최선이다.

두 번째로 아군 부대 간 주둔지나 진지의 간격이 조밀해지거나 때론 중첩됨으로써 전투력 발휘에 제한을 초래하는 경우로 배치 리스크를 들 수 있다. 이 같은 현상은 통상 기동부대와 전투지원부대, 전투지원부대와 전투지원부대, 전투지원부대와 전투근무지원부대, 연합부대 사이에서 주로 발생한다. 예를 들어 방어 시 기동부대는 단계별 거점을 점령하도록 기동계획을 수립한다. 화력지원부대는 추진진지와 주진지를 비롯해 단계별 진지 점령계획을 마련한다. 전투근무지원부대 역시 단계별 주둔지를 계획한다. 문제는 아무리 계획을 정교하게 수립했다 하더라도 비선형非線形 전선이 형성되는 경우 위에서 지적한 부대들 간에 주둔지나 진지가 중첩될 가능성이 높아지게 된다. 공격작전이나 전과확대 시에는 빈번한 기동 및 이동으로 인해 이 같은 배치 리스크가 더욱 높아지게 된다. 해법은 피아식별 위험과 동일하다. 통합지휘통제시스템을 활용한 신속한 전파와 숙지 시스템 구축, 작전계획상 거점, 진지, 주둔지가 겹칠 가능성이 있는 부대 간에는 통신 및 연락대책을 강구하고, 평시 축선별 지휘소연습CPX과 지휘소기동연습CPMX 등을 통해 이 같은 문제점을 사전에 예측하고 예방하려는 노력도 필요하다.

세 번째 위험은 기동과 화력 및 장애물 계획이 조화롭게 통합되지 못했을 때 발생하는 문제다. 최초 통합된 작전계획을 수립했다 하더라도 변수는 많다. 작전상황의 변화로 인한 우발계획 시행이나 긴급계획을 수립할 경우 추가 기동소요가 발생하고, 긴급 표적지대를 계획해야 하며, 긴급 장애물지대를 설치해야 한다. 이 경우 시간의 부족 등으로 인해 각각의 계획이 충분히 통합되지 못하거나 서로 충돌하는 현상이 발생할 수 있고, 그 결과로 아군의 화력과 장애물로 인해 아군이 피해를 입거나 기동에 제한을 받을 수 있다. 해법은 역시 위 두 가지 경우와 같다. 통합지휘통제시스템을 십분 활용해 통합된 계획을 수립해 신속히 전파하고, 숙지하며, 통해야 한다.

아군과 아군부대는 전쟁과 작전을 승리로 이끌기 위해 같이 싸우는 파트너다. 하지만 계획이 정교하지 못하고 실시간 전파 체계와 통신대책이 허술하면 작전을 방해하는 작전환경 요소로 작용할 수 있다. 자기부대, 병과, 자군 중심의 사고에서 벗어나 크게 보고, 세심하게 계획하며, 충분히 협조해야 한다.

전장환경의 변화, 가용·통합·조화성이 전승 요건

5부: 시간

삶의 현장과 마찬가지로 전장에서도 하루는 24시간이다. 아군과 적군 모두에게 본질적으로 공평한 상수常數다. 허나 군사적 관점에 세심하게 살펴보면 시간은 지형地形, 기상氣象과 같은 속성을 지니고 있다. 예부터 많은 군사전문가들이 "시간을 어떻게 잘 활용하느냐에 따라 전쟁의 승패가 갈린다"고 이야기했다. 이 명제가 사실이라면 이는 시간이 군사적으로 주요 변수變數이자, 시간활용이 전승의 요건이라는 점을 뒷받침하는 것이다. 그렇다면 구체적으로 어떤 면에서 시간이 변수고, 시간활용이 전승의 요건이라는 것일까? 크게 세 가지 측면에서 분석할 수 있다.

먼저 가용성을 들 수 있다. 다른 용어로는 가용시간이라고도 한다. 야전교범에는 "가능한 예하부대에 많은 준비시간을 부여하라"고 되어있다. 공격과 방어를 막론하고 작전을 수행하기 위해서는 지휘관 지침과 전장에서 수집했거나 상급부대로부터 받은 첩보와 정보를 바탕으로 계획과 작전명령으로 발전시키는 합리적인 과정에 많은 시간이 필요하기 마련이다. 따라서 계획과 명령을 작성하는 상급

부대에서 많은 시간을 사용하다 보면 막상 작전명령을 받는 예하부대에서는 준비에 필요한 가용시간이 부족할 수 있고, 이는 작전수행의 부실과 실패를 유발할 수 있다. 대책은 야전교범에 명시되어 있듯 계획과 명령을 발전시키는 과정에 단편명령單片命令과 준비명령準備命令을 적극 활용해 예하부대가 장차 작전준비에 필요한 시간을 충분히 쓸 수 있도록 하는 것이다. 교범에서는 전통적인 수단으로 단편명령과 준비명령을 제시했지만, 앞으로는 통합지휘통제시스템을 활용해 상급부대와 예하부대가 시간과 계획을 공유하도록 발전시키는 것이 바람직하다. 중·장기적으로는 인공지능을 접목시켜야 한다. 이를 활용하면 방책수립과 계획발전에 드는 시간을 획기적으로 절약해 적보다 가용시간 면에서 비교우위에 설 수 있다.

두 번째는 통합성이다. 세부적으로는 초秒 이하 단위 시간을 아군끼리 정확하게 공유하는 능력을 말한다. 이는 군사적으로 화력효과를 높이는 데 매우 긴요하다. 예를 들어 대형병력밀집표적을 효과적으로 파괴하거나 제압하기 위해서는 여러 부대가 보유한 다양한 화력을 집중하게 되는데, 이때 같은 양의 포탄 발수라 할지라도 표적 내 폭발시간이 1초 이내인 경우와 수 초 이상인 경우를 비교해 보면 전자의 경우가 월등한 효과를 보인다. 적 병력이 엎드리거나 엄폐하는 데 제한을 주기 때문이다. 이를 위해서는 아군이 보유한 통합지휘체계 시스템의 시각과 전투현장에 있는 장병들이 인식할 수 있는 시각을 백분의 일초 단위까지 정확하게 세팅하고, 이를 지속적으로 유지할 수 있는 능력이 중요하다. 또한 사격술 차원에서도 정확한 측지 및 사격지휘능력을 필요로 한다. 아울러 장병들의 시계를 전투장비로 인식해 백분의 일 초 단위까지 세팅이 가능하고, 혹독한 야전환경에서도 정확하게 작동하는 신뢰성 높은 전자시계를 보급해야 한다.

마지막으로 조화성도 중요한 요소다. 기동과 기동의 통합, 기동과 화력의 통합, 화력과 장애물의 통합, 기동과 화력과 장애물의 통합에 있어 가장 중요한 요소 중 하나가 바로 순서적 통제다. 예를 들어 기동부대 진출 시 아군화력으로부터 안전을 담보하기 위한 화력연신火力延伸은 어느 때 시행할지, 지뢰살포탄은 어느 시점에 투하해 얼마 만에 자폭해야 하는지, 아군과 아군의 충돌 방지를 위한 사격금지선은 언제부터 언제까지 유효한지, 제대별로 전투지경선 내 화력의 허용범위를 정하는 사격협조선과 화력지원협조선은 언제부터 언제까지 설치되는지, 아군 지상화력으로부터 아군 공군 비행기의 안전을 보장하기 위한 공역통제 시간은 정확하게 어떻게 되는지 등이다. 시간을 아군에 유리한대로 조화롭게 사용할 때 비로소 전투력의 낭비 없이 시너지 효과를 거둘 수 있다. 이를 위해서는 고도의 정보 집중 및 분석 능력과 실시간 네트워크 능력이 필요하다.

전장에서 주어진 시간은 피아 균등하다. 그러나 시간을 통제하고, 공유하며, 활용하는 측면에서 보면 확연한 능력 차이로 나타날 수 있고, 이는 필연적으로 작전과 전쟁의 승패를 좌우하는 주요 변수로 작용한다. 관건은 장병들의 인식과 기술수준, 그리고 전장에서와 마찬가지로 시간이 가미된 실전적인 훈련이다. 전쟁의 신 역시 스스로 돕는 자를 돕는다.

전장환경의 변화,
치밀한 사전계획과 존중이 전승 요건
6부: 민간요소

일반적으로 전장 환경을 분석할 때 민간요소도 지형과 기상에 못지않게 중요한 요소 중 하나다. 특히 한반도는 인구가 밀집한 곳이다. 따라서 민간과 분리된 전장이 따로 존재하기 어렵고, 필연적으로 민간요소는 작전 제한요소로 작용할 수밖에 없다. 그러나 달리 생각해 민간요소의 제한사항을 최소화하고, 자원을 잘 활용한다면 오히려 군사작전에 도움을 받을 수도 있다.

먼저 작전에 제한을 주는 민간요소로 피난민을 들 수 있다. 차량 등을 이용해 후방지역으로 피난을 가는 행렬은 군사작전에 많은 제한을 초래한다. 이를 효과적으로 통제하지 못한다면 작전도로 및 보급로 확보에 어려움을 겪을 것이고, 증원병력 이동과 군수보급품 수송 등의 제한이 결국 작전실패의 원인이 될 수도 있다. 따라서 피난민들이 사용할 수 있는 도로를 사전에 지정해 피난행렬이 발생하기 전에 휴대전화 등을 통해 적극적으로 전파하고, 교통통제소를 설치해 적극적으로 안내를 할 필요가 있다. 아울러 적 지역으로부터 아군지역으로 밀려드는 피난민은 군인에게 있어 공포로 작용할 수 있다. 바로 적 특수작전부대원이나 오열五列이 피난민으로 위장해 아군 후방지역으로 침투할 가능성 때문이다. 허나 이 같은 일은 현대전에서 일어나기 희박한 면도 있다. 피난민으로 위장하기 위해서는 비무장 상태면서 군사 통신장비를 휴대하지 않아야 하고, 후방으로 침투 후에 재무장을 하거나, 통신장비를 보급 받는 것도 쉽지 않기 때문이다. 따라서 적 지역으로부터 아군지역으로 이동해 오는 피난민에 대해서는 금속탐지 검사 및 짐 수색을 철저히 이행하면 된다. 아울러 부상을 입거나 급식을 필요로 하는 피난민에 대해서는 여건이 허락하는 범위 내에서 최대한 구호지원을 해야 한다. 피난민에 대한 기본적인 존중과 배려는 민심을 얻는 데 필수적이다.

한편으로는 아군지역에 위치한 민간시설을 잘 활용한다면 군사작전에 플러스 요인이 될 수 있다. 예를 들어 지하시설은 대피호 및 지휘소로, 고층 건물은 통신 중계소와 관측소로, 주유소는 유류보급소로 활용 가능하다. 민간자원 활용도 마찬가지다. 등산 및 레저용품, 의류, 식품류, 의약품은 군사용으로 전용이 가능하다. 하지만 민간자원을 무조건 현지 징발해 사용하는 것은 불법이다. 이를 군사적으로 활용하기 위해서는 철저한 사전 협조가 필요하다. 평소 군사적 소요를 세밀하게 판단해 충무계획과 부대별 동원계획에 구체적으로 반영해 사용하되, 부득이한 경우에는 소유자에게 확인서를 발행해 주거나, 소유자가 피난으로 없을 경우에도 군사적으로 전용한 품목과 수량을 잘 기록해 두었다가 나중에 보상하는 방식을 취해야 한다.

군인가족의 보호와 지원도 중요한 요소다. 가족의 안위가 군인의 사기에 미치는 영향을 절대적이다. 따라서 피난부터 전시급여까지

세심한 계획과 적극적인 보호대책을 필요로 한다. 이를 뒷받침하기 위해서는 군인가족임을 식별할 수 있는 증명서 역할까지 하는 전시 급여카드 발급이 필요하다. 과거에는 군 간부 가족만 발급대상이었으나, 향후에는 병사까지 확대해야 마땅하다.

전시에 민간인은 작전에 영향을 미치는 중요한 요소이자, 구호 및 지원해야 할 대상이다. 평시 치밀한 사전계획과 훈련도 필요하지만, 무엇보다 민民을 존중하는 마음이 없으면 민심民心을 얻기 힘들다. 민심을 가진 군대가 승리하는 것은 주지의 사실이다.

실전적인 훈련, 한계를 극복하라

과거로부터 현재까지 모든 부대 모든 지휘관은 실전적인 훈련을 강조한다. 훈련장에 가보면 '훈련 시 땀 한 방울이 전투에서 피 한 방울이다'라는 슬로건이 실전적인 훈련을 상징적으로 나타내고 있다. 허나 막상 "과연 실전적인 훈련이란 어떤 훈련을 말하는 것일까"라는 의구심을 가지고 구체적으로 따져 들어가 보면 '실전적'이란 관형사를 두고 정의하기가 쉽지 않다는 것을 깨닫게 된다.

아주 개념적으로 '전쟁(작전, 전투)과 유사한 훈련'이 '실전적인 훈련'이라고 정의할 수 있다. 그러면 전면전이냐, 국지전이냐, 대침투작전이냐 등의 상황과 각각의 상황에 맞는 적의 능력, 지형과 기상 등의 조건만 달리해도 수많은 훈련의 선행조건이 만들어진다. 또한 전쟁의 본질적 특성인 '피아 전투의지와 능력의 충돌'과 '확률적 우연성'이 반영되어야 한다. 따라서 이러한 조건이 충분히 고려되고, 또한 특성이 과학적으로 작동해야 비로소 실적적인 훈련이라고 할 수 있는 것이다.

지금까지 개발된 가장 실전적인 실병훈련 모델을 꼽자면 '육군과

학화전투훈련'을 들 수 있다. 여의도 40여 배 면적의 훈련장에서 여단급 제병협동부대가 가상의 적인 '전문대항군'과 전면전 상황에서 피아 전투의지와 능력을 가지고 충돌하는 과학화훈련은 과학적인 소프트웨어와 훈련장비의 활용, 그리고 전문통제관 및 심판관의 지원을 통해 전쟁의 특성을 유사하게 반영할 수 있다. 과학화전투훈련장이 아닌 일반훈련장에서 하는 마일즈 장비를 이용한 훈련의 경우도 기존의 훈련보다는 사격을 통한 피아 피해를 과학적으로 반영할 수 있다는 점에서 진일보한 실전적인 훈련이라고 볼 수 있다.

하지만 세심히 살펴보면 이런 과학화훈련도 구현하기 힘든 부분이 분명 존재한다. 전투원 개개인의 전투하중 유지와 탄약의 조립과 수송 및 보급, 야전정비, 전장소음과 연막 등은 아직까지 엄격한 훈련통제와 여건을 조성해야만 실전적인 훈련이 가능하다. 때문에 이를 극복하기 위해서는 전투원 개개인의 경우 휴대화기별 기본휴대량과 똑같은 부피와 무게를 지닌 훈련탄(탄포, 탄알띠)을 준비하고 전투와 기동 간에 반드시 휴대하도록 통제해야 한다. 공용화기도 마찬가지다. 박격포, 전차포, 곡사포, 전투헬기의 경우는 반드시 편성된 병력에 의해 탄약이 조립·수송·장착될 수 있도록 통제하고 이와 연동해 무기별 사격 가능발수도 통제해야 한다. 이를 구현하기 위해서는 충분한 훈련탄과 함께, 조립과 수송 및 장착에 필요한 장비와 도구가 준비되어야 한다. 손상된 전투장비의 야전정비 또한 실제와 같이 정비능력이 있는 제대로 후송하거나, 정비능력을 지닌 장비와 병력이 현장으로 이동을 해 정비절차를 거쳐 기능을 회복할 수 있도록 해야 한다. 공포탄과 훈련탄, 연막탄을 쓰고 있지만 소리의 강도와 빈도에서 실제 전쟁 상황과 차이가 날 수밖에 없다. 이 같은 조건은 심리적인 영향뿐만 아니라 청음 및 시계 제한을 초래해 소부대 전투지휘와 직사화기 사격에 큰 변수로 작용한다. 따라서 훈련장에는 대형 스피커를 설치해 전장소음을 유사하게 조성하고, 훈련용 연막탄도 능력 범위 내에서 사용이 가능하도록 충분히 지원하는 것이 바람직하다. 이런 세심한 노력은 비단 과학화훈련에만 국한된 것이 아니라, 모든 훈련에 적용되어야 마땅하다.

'훈련 시 땀 한 방울이 전투에서 피 한 방울이다'라는 슬로건에서 '땀 한 방울'의 진정한 의미를 되새길 필요가 있다. 이는 '적보다 빨리 뛰고, 빨리 쏘기 위해 흘리는 땀'의 뜻도 내포되어 있지만, 보다 큰 의미에서 보면 '전쟁과 유사한 훈련을 위해 흘리는 땀', '전쟁과 유사한 환경에서 적을 이기기 위한 노력'이라고 정의할 수 있다. 예나 지금이나 군대는 훈련을 게을리하는 것을 가장 경계해야 한다. '했다 치고, 됐다 치고'로 갈음되는 적당주의, 요령주의야말로 실전적인 훈련과 전승을 저해하는 독소이자 내부의 적이며, 자기 부대 훈련의 약점을 가장 잘 아는 사람은 소속 부대원이다.

군대도 풍선효과 유념해야

어떤 부분에서 문제를 해결하면 또 다른 부분에서 새로운 문제가 발생하는 것을 이른바 '풍선효과Balloon Effect'라고 한다. 국가 및 일반사회뿐만 아니라 군대에도 마찬가지로 이런 현상이 존재한다. 지난 30년간 육군의 대표적인 사례를 살펴보자.

먼저 1990년도 초반에는 견고한 전투진지 구축을 강조했다. 춘 · 추계 각 1주일씩이던 진지공사 기간도 각각 한 달 이상으로 늘리고, FEBA지역에 공사병력이 부족할 경우 전투지원부대와 전투근무지원부대까지 투입했다. 시간을 아끼기 위해 진지공사 지역에서 야영을 하도록 했고, 횃불을 켜고 야간공사까지 감행했다. 그 과정에서 폐타이어가 공사자재로 등장했다. 호박돌로 기초를 하고 그 위에 떼를 쌓는 기존 방식보다 공사속도가 매우 빠를 뿐만 아니라, 견고하면서도 오래도록 침식되지 않는 장점을 지닌 자재라고 판단했기 때문이다. 각급 부대는 앞다퉈 전국 각지의 타이어 제조공장에 협조를 구해 열차와 차량으로 폐타이어를 수송해 교통호를 만들고, 개인호와 장비호를 구축했다. 허나 폐타이어의 문제점은 얼마 지나지 않아 불거졌다. 먼저 환경단체들이 나서 환경오염 문제를 지적했다. 군사적인 측면에서도 전시에 포탄이 떨어지는 상황에서 폐타이어에 불이 붙을 경우 진화가 어렵고, 매연 또한 많이 발생해 진지사용 자체를 어렵게 한다는 문제점이 대두됐다. 이에 군에서는 진지공사에 사용된 폐타이어를 전량 수거한다는 방침을 세웠다. 그러나 사용된 폐타이어를 일일이 파내 수거하여 한곳에 집결시키고, 깨끗이 세척까지 해서 폐타이어 가공업체까지 수송해 주는 수거작업은 사용할 때보다 훨씬 더 많은 수고를 필요로 했다. 전투진지를 빠르게 구축한다는 목표에만 매몰되어 더 큰 부작용을 간과한 대표적인 '풍선효과' 사례다.

또 한 가지 사례 역시 진지공사와 관련이 있다. 1990년대 중·후반에는 작전계획에 도로 견부위주 종심방어 개념이 채택되면서 새로운 전투진지 공사 소요가 발생했다. 도로의 견부 지역에 유개호有蓋壕 중심의 강력한 진지 구축이 필요했다. 그러나 너무 갑작스럽게 진행된 일이라 중기계획에 공사예산을 반영할 겨를이 없었고, 따라서 시멘트와 철근 등 진지공사 자재 지원이 원활하지 못했다. 야전부대는 지휘부의 강력한 독려 아래 거의 무자재無資材 공사를 진행해야 했다. 당시 폐타이어의 폐해는 이미 알려져 사용할 수 없었기에 고민 끝에 새로운 공사방법이 등장했다. 새로운 진지를 구축해야 하는 장소 부근의 FEBA선 방어진지에 기 설치되어 있는 콘크리트 유개호의 흙을 걷어내고 콘크리트를 여러 조각으로 절단해서 옮겨와 재조립하는 방안이었다. 정확한 수량을 알 순 없지만 당시 FEBA 방어선에 있던 많은 유개호가 해체되었다. 그 이후 얼마 지나지 않아 작전계획은 다시 원래대로 환원됐다. 충분한 자재지원 없이 지시와 독려만 한 결과 나타난 뼈아픈 '풍선효과' 사례다.

세 번째 예는 아이러니하게도 '행정간소화行政簡素化'다. 행정화되고 관료화된 군대는 결코 강군이 될 수 없기에 2000년대 초반에는 대대급 이하 전투부대의 행정을 줄이는 데 지휘노력을 집중했다. 한때는 강력한 의지를 담아 지시를 하고 집중적인 검열을 통해 행정간소화 실태를 검열했다. 과연 얼마만큼의 행정을 없앴는지 문서철의 숫자까지 세면서 철저히 확인했고, 엄격한 상벌을 적용했다. 중대의 경우 대대로부터 육군본부까지 6단계 상급부대로부터 확인검열 대상이 됐다. 이렇게 행정위주의 확인검열이 심해지자 부작용이 나타나기 시작했다. 검열을 잘 받기 위해 성격이 다른 문서철을 하나로 편철하여 실적을 맞추는가 하면, '행정간소화 계원'이라는 잠정보직까지 생겨났다. 행정위주 검열은 본질적으로 행정 간소화를 이루는 수단이 될 수 없다는 것이 얼마 지나지 않아 판명됐다.

대부대와 소부대를 막론하고 풍선효과는 일어날 수 있다. 이는 말로만 경계한다고 예방되지 않는다. 어떤 부분에 자원을 집중하기 전에 종합적인 시각에서 각 변수 간에 어떤 함수관계가 존재하는지, 과연 어떤 부작용이 예상되는지 면밀하게 살피고, 사전 시뮬레이션과 시범 적용을 하는 것이 바람직하다. 그 과정에서 부대원들의 의견을 충분히 경청하는 것도 중요하다. 무엇보다 지휘관(지휘자)은 자신의 신념을 모든 수단을 동원해 빠른 시일 내에 실현시키고자 하는 욕심, 즉 '명예 이기주의'에 사로잡혀 있는지 스스로 냉정하게 성찰해야 한다. 객관적이고 과학적인 분석력을 높이기 위해 외부 전문가의 조력을 받는 방안도 있다. 그리고 과거의 비슷한 사례를 면밀히 분석해 교훈을 삼아야 풍선효과를 줄이고 부작용을 최소화할 수 있다. 이런 측면에서 보면 실패의 역사도 소중한 자산이다.

첨단무기에도 취약점이 있다

시대를 막론하고 모든 군대는 적보다 우위의 전력을 구축하기 위해 노력을 한다. 그리고 상대적으로 좋은 성능의 무기체계를 갖는 것은 적보다 우월한 전력을 구축하는 데 있어 가장 필수적인 요소다. 첨단 무기체계란 최신의 과학기술을 이용해 새롭게 만든 무기체계나 기존의 무기체계에 첨단 과학기술을 접목한 산물을 이른다. 특성으로는 사거리 증가, 정밀도와 파괴력 제고, 네트워크화 등을 들 수 있다. 머지않은 미래에는 4차 산업혁명 기술이 도입될 것이다. 무인화, 로봇화, 인공지능화, 가상현실, 증강현실, 빅데이터 등의 기술들이 무기체계의 성능을 비약적으로 높일 것이고, 이는 전쟁의 양상까지 바꿔놓을 것으로 예상된다.

그렇다면 첨단 무기체계는 강점과 장점만 있고 취약점은 없을까? 전혀 그렇지 않다. 개인 무기체계를 예로 들어보자. 네트워크에 접속된 통신 및 데이터장비, 야간 조준경, 레이저거리측정기 등이 제대로 작동하려면 많은 전기에너지를 필요로 한다. 따라서 과거에 비해 특수건전지 수요가 폭발적으로 증가했다. 제대별 지휘통제실도 마찬가지다. 전장정보시스템부터 자원관리시스템에 이르기까지 수많은 컴퓨터를 사용하다 보니 역시 많은 전기 에너지가 필요하다. 당연히 발전기 수요가 비약적으로 많아졌다. 통신도 마찬가지다. 부대별 가설과 교환대 운영방식에서 스파이더통신으로 바뀌면서 지역 통신노드Communication node의 중요성은 커졌고 의존성은 높아졌다. 포병의 전술적 사격통제시스템과 기술적 사격지휘시스템 역시 컴퓨터와 데이터 통신망을 기초로 작동한다.

첨단화에 따른 취약점은 크게 세 가지로 분류할 수 있다.

첫째는 보급 문제다. 첨단 무기체계에 들어가는 특수건전지 보급이 원활하지 못하다면 전투력 발휘에 큰 손실로 이어질 수밖에 없

다. 따라서 전시 생산부터 수송 및 보급에 이르기까지 우선순위를 두어야 한다. 특히 고립되었거나 상급부대로부터 지리적으로 떨어져 독립작전을 수행하는 부대의 경우 정상적인 보급이 어렵기 때문에 어떤 수단을 통해 보급을 유지할 것인지 방책 수립과 함께 수단적 시스템 구축이 필요하다.

둘째는 작전보안과 방호문제다. 컴퓨터 등 첨단 무기체계 운용에 따른 전력 수요 증가는 발전기의 가동 수와 가동 시간 증가로 이어지고 소음과 열 발생으로 인해 적에게 노출되기 쉽다. 지역 통신노드도 마찬가지다. 따라서 발전기와 통신 노드 노출을 최소화하는 작전보안대책과 함께 적의 화력과 특수작전부대의 타격으로부터 보호할 방호대책이 요구된다.

세 번째는 대체 및 예비수단 확보문제다. 첨단 무기체계에 들어가는 전자장비는 열과 온도에 민감하며 소프트웨어의 고장, 전기에너지 공급 중단 등으로 인해 오작동이나 작동자체가 중단될 수 있다. 이 경우 지휘통제와 전술적 사격통제 및 사격지휘의 마비로 이어질 수 있기 때문에 대체 및 예비수단을 반드시 확보하고 평소 훈련을 통해 숙달해야 한다. 첨단 무기체계가 보급되기 이전에 사용하던 무기체계와 시스템을 폐기하지 말고 예비적 수단으로 유지하면서 숙달해야 하는 이유다.

현대전에서 첨단 무기체계 확보는 전승을 위해 필수적이다. 다만 첨단 무기체계도 나름의 취약점을 가지고 있고, 노출되고 집약된 취약점이 공격을 당하거나 보급문제로 작동을 멈추게 되면 전력마비를 불러올 수 있다는 점을 깊이 인식해야 한다. 따라서 전승을 위해서는 적이 운용하고 있는 첨단전력의 약점을 찾고 파괴하는데 전력을 집중하면서도 아군의 취약점은 최소화하려는 노력이 필요하다. 하늘은 스스로 돕는 군인을 돕는다.

저격용 소총 발전추세와 장차 우리 군에 요구되는 능력

저격수狙擊手하면 머리에 떠오르는 영화가 있다. 바로 제2차 세계대전 당시 스탈린그라드 전투에서 활약했던 소련군 저격수 바실리 자이체프를 모델로 한 영화 '에너미 앳 더 게이트Enemy at the Gates'다. 알려지기로 그는 조준경이 달린 모신나강(M1891/30) 소총을 사용해 독일군 242명을 저격했다. 사용한 탄이 243발이라고 하니, 그야말로 원샷 원킬One shot, One kill이었다.

지금까지 실제 전장에서의 저격전 사례를 연구한 군사전문가들은 저격을 당한 부대에서 다음과 같은 부정적 효과가 나타났다고 분석했다. 가장 큰 것이 심리적 공포다. 공포로 인해 개인은 물론 부대 전체의 전투수행의지와 사기가 저하됐다. 아울러 행동의 자유가 크게 위축되어 기동은 물론 관측과 사격에도 지장을 받았다. 또한 지휘관이 저격을 당했을 경우 지휘마비로 이어졌다는 점도 중요한 저격 효과라고 지적했다. 이는 영국의 군사사상가 풀러J.F.C Fuller가 주창했던 마비전痲痹戰 군사사상과도 일맥상통하는 면이 있다. '전투를 최소화하면서 최대한 적에게 심리적 타격을 가해 전투수행의지를 꺾고 지속적인 무력화를 통해 마비에 이르게 하여 전쟁을 빠르게 승리로 종결한다'는 마비전 개념을 전술단위 부대에 적용해 보면 저격이야말로 적을 효과적으로 마비시켜 전투를 승리로 이끄는 수단이 된다.

한편 전술단위 부대에서 활약하는 저격수는 어떤 능력을 갖추어야 할까? 적에게 나의 위치를 드러내지 않는 완벽한 위장술, 초인적인 인내심과 집중력, 정확한 사격술 등이 고전적인 필수능력이다. 아울러 적지 종심작전을 수행하기 위해서는 침투와 생존 및 탈출능력 등이 요구된다. 자료와 귀순용사의 증언에 따라 일부 차이가 있긴 하지만 북한군 역시 저격전의 중요성을 일찍이 인식하고, 소총중대에 6~7명의 저격수를 편성해 운용하고 있다고 한다. 저격용 보총은 구소련에서 1963년도부터 생산한 드라구노프 SVD 모델로 AK일반소총에 비해 총신이 1.5배 정도 길며, 10+1발 반자동식에 망원조준경을 부착해 600m 이상 표적을 저격할 수 있다고 파악되고 있다. 우리 군 역시 800m 유효사거리 제원을 가진 국산 K14 저격용 소총을 특전사 등 특수전 부대에 이어 일반보병 부대까지 보급하면서 저격수를 양성하고 있다.

그렇다면 미래전에서도 저격수의 역할은 여전할까? 변한다면 어떤 방향으로 어느 수준까지일까? 이를 가늠하기 위해서는 현재 가장 앞선 저격용 소총의 제원과 특성을 토대로 기술 발전추세부터 짚어볼 필요가 있다. 현존하는 최첨단 저격용 소총은 기존 탄약보다 큰 구경의 탄(12.7~14.5mm)을 사용하고 있으며, 유효사거리는 1,800m 정도다. 1,000m 거리에서 20mm 정도의 경장갑을 관통하

는 능력이 있으며, 반자동식 탄창 장전방식으로 5~10발을 짧은 시간 내에 사격할 수 있고, 35배율 이상 주·야간 광학식 조준기를 장착하고 있다. 이를 토대로 유추해 보면 머지않은 미래에 유효사거리 2,500m 수준에, 자동사거리 측정 및 조준장치가 부착된 고정밀 저격용 소총의 출현도 가능할 것으로 판단된다. 운용적인 측면에서는 특수전부대나 적지종심작전 부대 소속 저격수는 위에서 제시한 고성능 저격용 소총으로 무장하고, 한편 일반 보병부대에는 800m 유효사거리 정도의 일반 저격소총이 보급됨으로써 특수전과 정규전을 막론하고 저격전이 수행될 것으로 보인다. 실제 미군의 경우는 머지않은 장래에 기존 저격소총보다 총신이 짧고 가벼우며, 분해와 재조립이 쉬운 등 야전운용성 면에서 큰 장점을 유지하면서도 600~800m 거리까지 정밀사격이 가능한 SDM-R 소총을 분대단위까지 보급할 예정이다. 또한 저격 임무 수행은 병력뿐만 아니라 드론과 로봇까지 확대될 것이다. 이를 종합해보면 미래전에서 저격의 역할은 지금보다 더 커지고 중요해질 것이며, 운용 범위는 정규전까지, 수행은 무인기 및 로봇까지 확대될 것이 자명하다.

이에 따라 우리 군 역시 전승을 위해서는 이 같은 미래 작전환경 변화와 기술발전 추세에 능동적이고 선제적으로 대응해야 한다. 미래 저격수 운용개념을 세부적으로 발전시키고, 최적의 전력 소요를 제기해 저격용 소총과 장비 개발에 박차를 가해야 하며, 저격수 양성 교육을 과학화하는 노력도 배가해야 한다. 아울러 대저격전對狙擊戰 전술과 기술 발전 노력도 함께 기울이면서 장병들에게 맞춤형 대응교육도 제공해야 한다. 저격전의 핵심은 기술과 저격 능력이지만 목표는 심리전에 가깝다는 것이 본질이다. 이를 정확하게 인식하는 것이 저격전과 대저격전의 출발점이다.

과잉단순화의 오류

현실의 복잡성을 있는 그대로 인정하지 않고, 되도록 개념화하고 단순화시킴으로써 많은 사람들이 큰 고민 없이도 선택하도록 하는 현대사회의 특징적인 현상을 일컬어 심리학자들은 과잉단순화Oversimplification라고 한다. 이런 현상은 일반사회뿐만 아니라 군에서도 많이 통용되고 있다. 하지만 개념이 현실의 복잡성을 제대로 반영하고 있지 못하면 엉뚱한 결과를 초래할 수도 있는 위험성이 내포되어 있다는 점을 각별히 유의해야 한다.

예를 들어보자. 포병 전술교범에는 공중강습작전 전에 '적 방공무기 제압사격SEAD: Suppression of Enemy Air Defenses'을 반드시 시행해야 한다고 나와 있다. 개념적으로는 당연한 절차다. 허나 북한군은 전방군단과 기계화 군단에는 고사포 연대를, 사단과 기계화여단에는 고사포 대대, 보병연대에는 고사총 중대를 편성하고 있다. 무기도 다양한 구경의 고사포뿐만 아니라 기계화 차량에 탑재된 미사일과 휴대용 미사일까지 갖추고 있다. 언제든지 한반도에서 전면전이 발발할 경우 북한군 전방군단 지역에는 대공화기 밀집 현상이 일어날 것이고, 배치는 분명 소대단위 또는 문단위로 나누어 피지원부대 작전지역 안에서 대공방어에 유리한 지형을 점령할 것이다. 또는 기동하거나 진지를 점령한 피지원부대 속에 섞여 있을 것이다. 그러니 적 방공무기 표적정보를 실시간에 점표적 단위로 획득한 경우가 아니라면 사격효과가 떨어지는 것이 당연하다. 지금까지 훈련을 통해 표적첩보가 아닌 일반정보 즉, 적 방공부대 단대호에다 제압사격을 하는 오류를 범하고 있진 않았는지 점검할 일이다.

'전시개인임무카드'도 과잉단순화의 대표적인 산물이다. '조직에게 부여된 임무와 추정된 과업을 모아 각 개인에게 합리적으로 할당해 개인임무카드를 만들고, 각 개인이 개인임무카드에 적힌 대로만 행동한다면 부대차원에서도 원활한 임무수행이 가능하며, 현재원의 변동 등 가변적인 요소가 발생하였을 경우 전투일일결산을 통해 개인임무를 조정함으로써 최신화가 가능하다'는 것이 전시개인임무카드를 만들어 활용해야 한다는 논리의 핵심이다.

하지만 이 개념에는 명백한 오류가 있다. 우선 임무수행 중 병력손실 등 가정 요소의 변동에 즉각적으로 대응할 수 없으며, 직책임무 외에 개인에게 부여된 여러 잠정임무의 합리적인 조정이 어렵고, 팀 단위 임무수행에 융통성을 해칠 수 있다. 이런 이유로 실제 야전에서 전시개인임무카드를 만들어 훈련에 적용해 보면 몇 달을 준비해야 반나절 정도 맞아떨어진다. 바로 다음 날 부대원 충원이나 결원이라도 생기면 다시 처음부터 뜯어 고치지 않는 한 결산자체가 어렵다. 오죽하면 신호규정 등을 담은 야전예규카드, 직책 임무카드, 잠정 임무카드, 팀 임무카드 이렇게 네 가지 임무카드를 만들어 전투일일결산을 하는 경우도 있다.

이런 이유로 임무카드의 작성 최소단위는 분대 또는 팀(과)이 되어야 하며, 전투일일결산은 분대장과 팀(과)장이 중심이 되어 분대원(팀원, 과원)의 임무를 조정하고 교육시키는 형태로 하는 것이 현실적이다. 이 논쟁은 야전에서 어느 정도 정리됐다. 그러나 아직도 현실성 없는 과잉단순화 개념을 신봉하는 군인들이 있으니, 정작 본인들은 무엇이 잘못됐는지 모르는 경우다. 원인은 분명 실무 속에서 열정과 치열한 고민이 부족했던 탓이다.

교범과 야전예규에는 합리적이고 일반적인 절차만 담을 수밖에 없다. 모든 군인은 마땅히 이를 바탕으로 삼되, 현실에 맞게 어떻게 적용할 것인지 스스로 고민하고, 여럿이 토론하며, 부대 차원에서 수정·보완해 나가도록 노력해야 한다. 과잉단순화의 오류는 생각보다 넓고도 깊이 오랜 역사를 가지고 병영과 군인의 의식 속에 자리하고 있다. 이를 깨는 힘이 곧 건전한 군문화요, 강군으로 이끄는 추진동력이다.

교범을 넘어 진격하라

• • •

군사교육 및 작전에 관한 지시와 첩보 및 원칙사항과 참고자료가 기술되어 있는 교리문헌을 야전교범Field Manual, 野戰教範이라 한다. 또한 합동 교리를 수록한 간행물이 합동교범Joint Publication이며, 합동교범의 종류에는 합동기준교범과 합동운용교범, 합동참고교범 등이 있다. 교범은 부대에 교육훈련 및 작전의 원칙과 기준을 제시한다. 아울러 군인에게는 기본적으로 습득해야 할 군사지식과 제병협동 및 합동(연합)작전 등을 위해 필요한 원칙과 정보를 제공한다. 교범에 통달한 군인은 호흡과 발성 등의 기본기가 잘 갖추어진 가수와 같다. 다른 점은 가수는 타고난 재능도 매우 중요하지만, 군인의 기본기는 후천적으로 교육훈련과 학습을 통해 습득된다는 것이다.

그렇다면 탄탄한 기본기를 지닌 군인으로 이루어진 군대는 반드시 승리할까? 그렇지 않다. 전쟁(전투)에서 승리하기 위해서는 예상하거나 예상치 못한 각종 상황 변화에 따라 작전수행과 각종 수단을 적절히 운용할 수 있는 능력을 지녀야 한다. 피아 공히 교범 내용은 상대에게 노출되어 있다고 봐야 한다. 따라서 적이 예상할 수 있는 평범한 행동으로는 작전의 성공을 보장받기 어렵다. 모름지기 지휘관(자)을 필두로 모든 군인은 변화하는 상황에 따라 발생하는 기회를 활용하는 융통성이 있어야 할 뿐만 아니라, 적을 기만하고 적이 예상하지 못한 시간과 장소 및 방법으로 타격하기 위해 부단히 노력해야 한다. 이는 '전쟁의 원칙' 중에 '창의의 원칙'과 일맥상통한다.

북한군 역시 일찍부터 이런 점을 잘 알고 있다. 1975년 2월 당중앙위원회 제5기 제10차 전원회의에서 김일성이 제시한 이른바 '전투력 강화 5대 방침'의 하나인 '기묘하고 영활한 전술'이 바로 그것이다.

학교기관과 부대에서 배운 전술교리와 교범에 있는 내용은 창의력을 발휘하는 데 있어 토대가 되지만, 교범에 안주하거나 매몰되어서는 승리할 수 없다고 생각하는 것이 합리적이다. 아울러 교범은 전장에서 발생 가능한 상황을 모두 담고 있지 못하다는 점도 인식해야 한다. 예를 들어 공격부대와 공격부대가 맞서 서로의 의지가 충돌했을 때 과연 어떤 전투상황이 벌어질 것이고 어떻게 싸울 것인지? 우리 부대가 포위 고립된 것인지, 아니면 돌파구를 형성한 것인지? 끝임 없이 판단하고, 필요시에는 과감하게 독단활용을 요구받는 것이 전장이다.

BCTP(전투지휘훈련단) 훈련장에서 시나리오 없는 피아 쌍방훈련을 해본 군인들은 "신속한 상황 판단과 융통성 있는 전투지휘가 무엇보다 중요하다"고 말한다. 또한 "모든 군인은 1, 2단계 상급자 역할을 수행할 수 있어야 한다"고 입을 모은다. 평소 자기 계급과 직책에만 맞추어져 있는 교육훈련이 충분치 않다는 것이다. 이는 무엇을 말하는 것일까? 열정이 있어야 몰입할 수 있고, 몰입해야 창의력이 나오며, 치열하게 토론해 창의력을 가다듬어야 모든 부대원들이 공감한 가운데 실행할 수 있다는 것이다. 이렇듯 전투력의 원천은 열정과 몰입, 그리고 토론이다. 주체는 지휘관(자)을 비롯한 모든 부대원이며, 밑바탕은 각개 군인의 열정을 이끌어내고 이를 몰입과 토론으로 이끄는 문화다.

무릇 군인은 교범 읽기를 즐겨야 한다. 그리고 문제점을 찾아 대안을 생각하고, 이를 토대로 치열하게 토론해야 한다. 교범을 딛고 고민하며, 마침내 교범을 넘어설 수 있어야 참군인이고, 이런 군인들이 많은 군대가 강군이다. 과연 우리는 그동안 교범을 어떻게 대해왔는지 냉정하게 되돌아볼 때다.

방탄소년단이 비틀즈에 비견되는 존재가 되었다. 노래 실력이 좋은 가수는 부지기수다. 방탄소년단은 노래에 메시지를 담는다. 소년들이 세계 사람에게 던지는 메시지가 분명하다. "나 자신을 사랑하라!" "나만의 목소리를 내라!" 전 세계 아미[1]는 이 메시지에 감동하고 눈물을 흘린다. 어쩌면 뻔한 말이고 이미 있어왔던 이야기다. 소년들은 전달방식이 뛰어나다. SNS를 통해서 팬과 긴밀하게 소통하며 자신들의 이야기를 드러낸다. 무엇보다 솔직하다. 소년들에게 "내면의 목소리를 내라"고 강조했던 방시혁 대표의 리더십이 돋보인다.

이 책에 담은 글이 전하는 메시지도 다르지 않다. 성적으로 줄 세

---

1 아미(A.R.M.Y.)는 '군대'라는 의미로 방탄소년단 공식 팬클럽 이름이다. 군대와 방탄복은 항상 함께하듯이 팬클럽도 방탄소년단과 항상 함께한다는 의미다. 'Adorable Representative M.C. for Youth'의 약자이고 '청춘을 위한 사랑스러운 대변인 MC'라는 뜻이다. 2013년 7월 9일 공식 팬카페에서 투표를 통해 공식 팬클럽명을 'A.R.M.Y.'로 결정했다. 출처: 나무위키

우고 출신학교로 사람 값을 매기는 시절을 지내고 나서 '타인과 비교'가 얼마나 무의미한지 깨달았다. 우리 역시 "나 자신을 사랑하라!"와 "나만의 목소리를 내라!"는 말을 하고 있다. 내가 60살이 넘어서 깨달은 바를 20대 전후 방탄소년단이 노래로 전하는 모습을 보며 두 가지 생각이 든다. 진작 깨닫지 못한 내 어리석음이 아쉬운 반면, 이 책을 읽을 젊은이도 "자신이 얼마나 사랑할 만한 존재"인지 깨달으면 멋진 인생을 살 수 있겠다는 희망이다. 그런 희망을 바라보며 이 책을 세상에 내놓는다.

김종엽 홍보팀장님은 내가 존경하는 동료다. 자신이 가진 장점으로 주변을 밝히고 높이는 일을 해왔다. 자기에게 닥친 역경에 굴하지 않고 더 높은 경지로 나아가는 모습을 보고 많이 배웠다. 김 팀장님이 2부에 담은 글은 하나같이 주옥이다. 고정관념을 넘어서 더 넓은 안목으로 문제를 바라보게 한다. 장차 우리 사회를 이끌어갈 초급간부가 읽고 되새긴다면 엄청난 내공을 쌓을 수 있으리라 확신한다.

나는 국방정보화 전문가로서 35년간 전공서적 여러 권을 출간한 바 있다. 일반 독자를 대상으로는 처음 책을 낸다. 무척 설렌다. 김종엽 팀장님과 함께할 수 있어서 행복하다.

최종섭

대한민국 장병이 '생각하는 전사'로, 전인적 성장을 이룬 '군복 입은 시민'으로 거듭나기를 기원합니다!

권선복
| 도서출판 행복에너지 대표이사

『꽃꼰대 가라사대』…, 이 책 제목을 보면 참 유머 넘치면서도 재기발랄한 명명법이라고 하실 분도 있겠습니다. 학창시절 누구나 한 번쯤 아버지나 선생님께 된통 꾸지람을 듣고 방구석이나 학교 운동장 한 모퉁이에서 "에잇, 꼰대~" 소리를 해보셨을 줄 압니다. 철이 들어가며 삶의 무게와 사회적 역할이 무거워짐에 따라 새삼 깨닫는 것이 있습니다. 바로 그 꼰대들이 이 땅을 지켜왔고, 꼬장꼬장한 정신으로 이 나라를 발전시킨 주역이었다는 것을…. 그리고 본인 역시 '꼰대'로서 가정과 사회와 나라를 지키며 살아가기가 얼마나 힘든지 절감하는 순간, 우리는 앞선 아버지, 선생님, 꼰대들께 존경을 표하

게 됩니다.

이 대한민국 꼰대들에게는 정신적 사유체계의 근간이 되어 주는 몇 가지 문화적 연대감 내지는 공동체적 의식이 있습니다. 대표적으로 언급하면 대한민국 남자 대부분이 다 겪는 군대 생활, 나라와 민족을 위해서 제 한 몸 바칠 줄 아는 애국심 등입니다. 이 문화적 요소들이 묘하게 한데 뭉쳐 반백半白이 되어도 영롱한 안광眼光을 번뜩이며 이 사회의 기틀이 되어 주는 '꼰대' 정신을 형성합니다.

특히 이 책 『꽃꼰대 가라사대』는 그중에도 군대생활과 군인정신에 기반을 두어 현재의 젊은 세대, 그리고 군복무 중인 장병들에게 귀감이 될 만한 다양한 이야기로 채워져 있습니다.

"군대가 스펙이다"라고 말할 수 있는 세상이 되기에는 아직도 갈 길이 멀지만, 『꽃꼰대 가라사대』는 장병들이 힘든 군복무 기간을 고난으로만 여기지 않고 자신의 꿈과 미래를 준비하는 기간으로 여겨 볼 것을 넌지시 조언하고 있습니다. 그런 의미에서 이 책은 청춘들에게 바치는 '꼰대의 응원'이라고도 하겠습니다. 2부에서는 실제 병영에서 군인으로서 어떻게 사고하고 행동해야 할지, 전투 시 상황은 어떻게 돌아가는지에 대해 보다 구체적이고 전문적인 정보와 경험을 제공합니다. 아울러 어찌해야 군인의 능력을 100퍼센트 발휘할 수 있을지, 각종 전략 전술 부문에 걸쳐 최선의 방법은 무엇일지에 대해 예리한 문제의식을 제기합니다.

플라톤은 『국가론』에서 훌륭한 시민이 되기 위해서는 '지혜, 용기, 절제, 정의'의 네 가지 덕목을 갖추어야 한다고 합니다. 이 책 『꽂꼰대 가라사대』를 관통하는 하나의 메시지는 "스스로 생각하고 행동하는 전사가 되어라!"로 요약됩니다. 이 책을 읽다 보면 어쩐지 책 속의 화두인 '생각하는 전사'는 곧 플라톤이 말한 훌륭한 시민의 4주덕을 갖추고 완성된 전인적 인격체가 아닐까 싶습니다.

부디 이 책 『꽂꼰대 가라사대』에서 우리 군인들이 '생각하는 전사'로, 지혜롭고, 용기 있으며, 절제할 줄 알고, 정의로운 '군복 입은 시민'으로 올바르게 나아갈 길을 찾으시길 기원합니다.